湖北省教育厅科学研究计划指导性项目资助(B2020203);湖北省高校青年教师深入企业行动计划项目资助(XD2012492);湖北理工学院院级青年项目资助(11yjz23Q);湖北理工学院 2019 年校级教学研究立项项目资助(2019C10)

综放面顶板高抽巷瓦斯抽放技术实践

王　成　李思远　柯　特　著

东南大学出版社
SOUTHEAST UNIVERSITY PRESS
·南京·

图书在版编目(CIP)数据

综放面顶板高抽巷瓦斯抽放技术实践 / 王成,李思
远,柯特著. —南京:东南大学出版社,2020.10
　ISBN 978 - 7 - 5641 - 9140 - 5

　Ⅰ. ①综… Ⅱ. ①王… ②李… ③柯… Ⅲ. ①煤矿 -
瓦斯抽放 - 安全技术　Ⅳ. ①TD712

中国版本图书馆 CIP 数据核字(2020)第 190252 号

综放面顶板高抽巷瓦斯抽放技术实践

著　　者	王　成　李思远　柯　特	
出版发行	东南大学出版社	
地　　址	南京市四牌楼 2 号　邮编:210096	
出 版 人	江建中	
责任编辑	徐　潇	
网　　址	http://www.seupress.com	
经　　销	全国各地新华书店	
印　　刷	江苏凤凰数码印务有限公司	
开　　本	700 mm×1000 mm　1/16	
印　　张	8.75	
字　　数	180 千字	
版　　次	2020 年 10 月第 1 版	
印　　次	2020 年 10 月第 1 次印刷	
书　　号	ISBN 978 - 7 - 5641 - 9140 - 5	
定　　价	38.00 元	

本社图书若有印装质量问题,请直接与营销部联系。电话(传真):025 - 83791830。

前　　言

　　顶板瓦斯高抽巷是特殊的顶板巷道,在我国阳泉矿区已得到广泛应用,它是解决高瓦斯煤层群条件下综放面邻近层卸压瓦斯抽采的有效途径。阳泉矿区综采面主采 15 号煤层,邻近层瓦斯涌出量占综放面瓦斯涌出量的 90％以上,工作面瓦斯涌出是以邻近层瓦斯为主,开采层瓦斯涌出量所占比重较小。因此,顶板瓦斯高抽巷的抽采状况直接关系到矿井的安全高效生产。

　　顶板瓦斯高抽巷的抽采效果与多种因素相关,包括高抽巷的布置层位、水平投影与回风巷的距离、抽放负压、高抽巷抽放孔口封闭质量等,设计和支护主要依靠现场经验,一旦投入使用后除抽放负压外其他参数将不可改变。同时由于下方工作面的采动影响,处于采动裂隙带内的顶板瓦斯高抽巷必然要发生变形破坏,高抽巷的变形破坏情况直接影响到邻近层瓦斯抽采效果,可以通过调节高抽巷的抽放负压来提高邻近层瓦斯的抽采效果。

　　本书以阳泉矿务局多年来在瓦斯防治方面取得的技术成果为基础,系统、深入地研究了综放面顶板高抽巷瓦斯抽放问题;同时,在撰写过程中,还参考了国内外在这一学科领域取得的新成就并进行了分析,力求能够较为全面地反映该领域的新成果。全书共分七章:第 1 章论述了矿井瓦斯性质及赋存规律;第 2 章论述了阳泉矿区综放面瓦斯开采技术条件;第 3 章论述了卸压瓦斯储运与采场围岩裂隙演化关系;第 4 章论述了综放面瓦斯高抽巷抽采效果分析;第 5 章结合实际数据进行数值模型建立及模拟分析;第 6 章论述了瓦斯高抽巷合理抽放负压数值模拟研究;

第 7 章为全书总结及展望。

本书的主要特点体现在：

(1)国内外瓦斯防治技术与阳泉矿区取得的技术成果相结合。

(2)注重理论与实践相结合。

(3)以阳泉矿区多年科研成果为主,尽可能反映当前相对成熟的综放面顶板瓦斯防治新技术。

本书在撰写过程中查阅了矿井瓦斯防治方面已有的资料,并得到了中国工程院周世宁、袁亮院士,中国矿业大学许家林、杨胜强教授及张仁贵高工、程健维副教授的热情帮助和大力支持。在出版过程中得到了东南大学出版社的热情帮助和大力支持。值本书出版之际,作者谨向给予本书出版支持和帮助的各位领导、老师、专家学者、参考文献作者和广大同仁表示衷心的感谢!

由于时间仓促,书中错误和不妥之处在所难免,敬请读者不吝指正。

目　　录

5　数值模拟的内容与模型建立　　　　　　　　　　　　　95

1 绪论

瓦斯(主要成分为甲烷),这一煤炭开采过程中的伴生物,早在 15 世纪就开始为人们所认识。我国明代宋应星在《天工开物》(初刊于 1637 年)一书中曾介绍过,在煤炭开采时,煤层中存在着一种能使人窒息和可燃的气体,并提出了利用竹管引排的方法。16 世纪末,英国和其他西欧国家在采煤时,也遇到了"有害的"气体,但并未引起人们的重视。只是到了 18 世纪初期,英国有的深井开始发生瓦斯爆炸。1839 年美国煤矿也发生了瓦斯爆炸。此后,陆陆续续又发生了许多次爆炸,导致了人员和设备财产的严重损失,这时人们才逐渐重视并开始研究爆炸的原因及应采取的防范措施。

瓦斯是严重威胁煤矿安全生产的主要自然因素之一。在近代煤炭开采史上,瓦斯灾害每年都造成许多人员伤亡和巨大的财产损失。从全国的情况来看(根据有关资料统计),煤矿一次死亡 10 人以上的特大事故中有 74% 是瓦斯爆炸或瓦斯煤尘爆炸事故。瓦斯已经成为我国煤矿的第一大"杀手"。因此,瓦斯研究工作对于煤炭工业的健康持续发展,乃至全国煤矿安全状况好转具有重要意义。

1.1 矿井瓦斯的性质及其生成

1.1.1 矿井瓦斯的性质

从广义上讲,矿井瓦斯是井下有害气体[包括 CH_4、重烃(C_nH_m)、H_2、CO_2、CO、NO_2、SO_2、H_2S、Rn 等]的总称。它一般包含四类来源:第一类来源是在煤层与围岩内赋存并能涌入矿井的气体;第二类来源是矿井生产过程中生成的气体;第三类来源是井下空气与煤、岩、矿物、支架和其他材料之间的化学或生物化学反应生成的气体等;第四类来源是放射性物质在衰变过程中生成的或地下水放出的放射性惰性气体氡(Rn)及惰性气体氦(He)。矿井瓦斯的组成成分及其比例关系因其成因不同而有差别。煤矿中的大部分瓦斯来自煤层,而煤层中的瓦斯一般以甲烷为主(可达80%～90%),它是威胁矿工安全和矿井安全生产的主要危险因素,所以在煤矿中狭义的矿井瓦斯专指甲烷。

甲烷是无色、无味、无嗅、无毒、可以燃烧和爆炸的气体。甲烷分子的直径为 $0.375\ 8\times10^{-9}$ m,可以在微小的煤体孔隙和裂隙里流动。其扩散速度是空气的 1.34 倍,所以从煤岩中涌出的瓦斯会很快扩散到巷道空间。标准状况下甲烷的密度为 0.716 kg/m³,比空气轻,与空气相比的相对密度为 0.554。甲烷微溶于水,在 $0.101\ 3$ MPa(1 atm)条件下,温度为 20 ℃时,100 L 水可以溶解 3.31 L 甲烷;0 ℃时,100 L 水可以溶解 5.56 L 甲烷。当压力为 3.4 MPa,温度为 20 ℃时,其溶解度仅为 1 L/m³。因此,一般认为少量地下水的流动对瓦斯排放影响不大;但是,少量地下水的长期流动对瓦斯的排放则会造成重大的影响。

甲烷本身虽无毒,但是当空气中的甲烷浓度很高时,就会冲淡空气中的氧,可使人窒息。当甲烷浓度为43%时,空气中相应的氧浓度即降到12%,人感到呼吸非常短促;当甲烷浓度为57%时,空气中相应的氧浓度被冲淡到9%,人即刻处于昏迷状态,有死亡危险。

煤层中抽出的瓦斯发热量一般为 37.25 MJ/m³,与天然气相当,是一种可以开发和利用的能源。

煤层瓦斯中常见有害气体的主要物理性质见表 1－1。

表 1－1　煤层瓦斯中常见有害气体的主要物理性质

性质	CH_4	CO_2	CO	H_2S	C_2H_6	C_3H_8	H_2
分子量	16.042	44.01	28.01	34.08	30.07	44.09	2.016
密度/(kg·m⁻³)	0.716	1.98	1.25	1.54	1.36	2	0.09
相对密度	0.554	1.53	0.97	1.17	1.05	1.55	0.07

性质		CH_4	CO_2	CO	H_2S	C_2H_6	C_3H_8	H_2
沸点/K(0.101 3 MPa)		111.3	194.5	83	211.2	184.7	230.8	20.2
爆炸下限/% (293 K,0.101 3 MPa)		5	—	12.5	4.3	3	2.1	4
爆炸上限/% (293 K,0.101 3 MPa)		15	—	74.2	45.5	12.7	9.35	74.2
发热量/(MJ·m⁻³) (288 K)	最高值	37.11	—	11.86	23.50	64.53	96.61	11.94
	最低值	33.38	—	9.2	21.63	58.93	88.96	10.07

1.1.2 煤层瓦斯的生成

煤矿井下的瓦斯主要来自煤层和煤系地层,关于它的成因可以认为是在成煤作用过程中伴生的。煤的原始母质沉积以后,一般经历两个成气时期:从泥炭到褐煤的生物化学成气时期和在地层的高温高压作用下从烟煤直到无烟煤的变质作用成气时期。瓦斯的生成和煤的形成是同时进行且贯穿于整个成煤过程中的,与煤的成因息息相关。它除了与成煤物质、成煤环境、煤岩组成、围岩性质、成煤阶段等均有关系外,还与两个不同成气时期有很大的关系。一般情况下,瓦斯的成气母质可分为两大类,即高等植物在成煤过程中形成的腐植型有机质和低等植物在成煤过程中形成的腐泥型有机质,它们在成煤和成气过程中的差异,构成了各自特有的地球化学标志和各自不同的特点。

图 1-1 所示是苏联学者 B.A.索科洛夫等人给出的腐植型有机煤在变质作用阶段成气的一般模式。从图中可以看出,甲烷的生成是个连续相,即在整个变质阶段的各个时期都不断地有甲烷生成,只是各阶段生成的数量有较大的波动而已。苏联学者 B.A.乌斯别斯基根据地球化学与煤化作用过程反应物与生成物平衡原理计算出了各煤化阶段的煤所生成的甲烷量,其结果如图 1-2 所示。

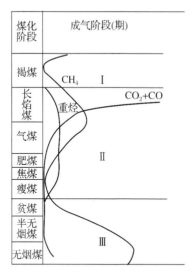

图 1-1 腐植质在煤化作用阶段
成气演化的一般模式

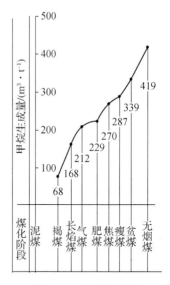

图 1-2 各煤化阶段
甲烷生成量曲线图

1.2　煤层瓦斯的赋存

1.2.1　瓦斯在煤体内的存在状态

煤体是一种复杂的多孔固体,既有成煤胶结过程中产生的原生空隙,也有成煤后的构造运动形成的大量空隙和裂隙,形成了很大的自由空间和空隙表面。因此,在成煤过程中生成的瓦斯就能以游离和吸附两种状态存在于煤体内。

游离状态也叫自由状态,即瓦斯以自由气体的状态存在于煤体或围岩的裂缝和较大的孔隙(孔径大于 $0.01~\mu m$)之中,如图 1-3 所示。游离瓦斯能自由运动,并呈现出压力来。在一定条件下,游离瓦斯含量的大小与缝隙贮存空间的体积和瓦斯压力成正比,与瓦斯温度成反比。

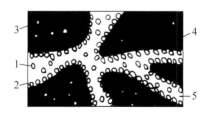

1—游离瓦斯;2—吸着瓦斯;3—吸收瓦斯;4—煤体;5—空隙

图 1-3　瓦斯在煤体内的存在形状示意图

吸附状态又可分为吸着状态和吸收状态两种。吸着状态是由于煤中的碳分子对瓦斯的碳氢分子有很大的吸引力,使大量的瓦斯分子被吸着于煤的微孔表面形成一个薄层。吸收状态是瓦斯分子在较高的压力作用下,能渗入煤体胶粒结构之中,与煤体紧密地结合在一起。吸附瓦斯量的大小,与煤的性质、空隙结构特点,以及瓦斯压力和温度有关。

煤体中的瓦斯含量是一定的,并且游离状态与吸附状态的瓦斯处于动态平衡状态,即吸附状态的瓦斯与游离状态的瓦斯处于不断的交换之中。当外界条件变化时,这种平衡状态就会遭到破坏。如当压力升高或温度降低时,部分瓦斯将由游离状态转化为吸附状态,这种现象称为吸附。反之,当压力降低或温度升高时,就会有部分吸附状态的瓦斯转化为游离状态,这种现象称为解吸。

在现今的开采深度,煤层内的瓦斯主要是以吸附状态存在,游离状态的瓦斯只占总量的 10％左右。苏联科学院矿物资源综合开发研究所 1987 年的研究结果表明,在 300~1 200 m 开采深度范围内,游离瓦斯仅占 5％～12％。但是在断层、大的裂隙、孔洞和砂岩内,瓦斯则主要以游离状态赋存。近年来,随着分析测试技术的不断发展,有关学者采用 X 射线、衍射分析等技术对煤体进行观察分析后认为,煤体内瓦斯的赋存状态不仅有吸附(固态)和游离(气态)状态,而且还包含瓦斯的液态和固溶体状态。但是,总的来说,吸附(固态)和游离(气态)瓦斯所占的比例在85％以上。

1.2.2　煤的吸附性及其影响因素分析

煤之所以具有吸附性是由于煤结构中分子的不均匀分布和分子作用力的不同所致,这种吸附性的大小主要取决于 3 个方面的因素,即:① 煤结构、煤的有机组成和煤的变质程度;② 被吸附物质的性质;③ 煤体吸附所处的环境条件。由于煤对瓦斯的吸附是一种可逆现象,吸附瓦斯所处的环境条件就显得尤为重要。煤中瓦斯的吸附量大小主要取决于瓦斯压力、吸附温度、瓦斯性质、煤化变质程度,以及煤中水分等。

(1)瓦斯压力。实验表明:在给定的温度下,吸附瓦斯量与瓦斯压力的关系呈曲线变化,如图 1-4 所示。从图中可以看出:随着瓦斯压力的升高,煤体吸附瓦斯量增大;当瓦斯压力大于 3 MPa 时,吸附的瓦斯量将趋于定值。

(2)吸附温度。目前的实验研究表明:温度每升高 1 ℃,煤体吸附瓦斯的能力将下降约 8％。其原因主要是:温度升高,使瓦斯分子活性增大,故而不能被煤体所吸附;同时,已被吸附的瓦斯分子又易于获得动能,会产生脱附现象,使吸附瓦斯量降低。

(3)瓦斯性质。对于指定的煤,在给定的温度与瓦斯压力条件下,煤对二氧化碳的吸附量比甲烷的吸附量高,而煤对甲烷的吸附量又大于对氮气的吸附量。

（4）煤化变质程度。煤的煤化程度反映其比表面积大小与化学组成，一般情况下，从中等变质程度的烟煤到无烟煤，相应的吸附量呈快速增加趋势。

（5）煤中的水分。水分的增加会使煤的吸附能力下降。

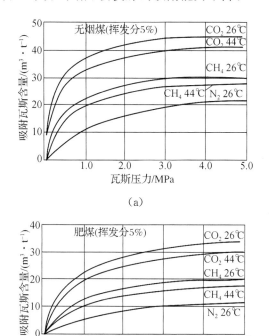

（a）

（b）

图 1-4 在给定吸附气体和温度条件下的等温吸附线

1.3 影响煤层瓦斯赋存及含量的主要因素

煤体在从植物遗体到无烟煤的变质过程中,每生成 1 t 煤至少可以伴生 100 m³ 以上的瓦斯。但是,在目前的天然煤层中,最大的瓦斯含量不超过 50 m³/t。究其原因,一方面是受煤层本身含瓦斯的能力所限;另一方面是因为瓦斯是以压力气体存在于煤层中的,经过漫长的地质年代,放散了大部分,目前贮藏在煤体中的瓦斯仅是剩余的瓦斯量。因此,从某种意义上讲,煤层瓦斯含量的多少主要取决于保存瓦斯的条件,而不是生成瓦斯量的多少。目前的研究成果认为,影响煤层瓦斯含量的主要因素有煤层储气条件、区域地质构造和采矿工作。

1.3.1 煤层储气条件

煤层储气条件对于煤层瓦斯赋存及含量具有重要作用。储气条件主要包括煤层的埋藏深度、煤层和围岩的透气性、煤层倾角、煤层露头以及煤的变质程度等。

1) 煤层的埋藏深度

煤层埋藏深度的增加不仅会因地应力增高而使煤层和围岩的透气性降低,而且瓦斯向地表运移的距离也会增大,这两者的变化均朝着有利于封存瓦斯而不利于放散瓦斯方向发展。在煤层瓦斯风化带之下的甲烷带内,煤层的瓦斯压力、瓦斯含量和矿井瓦斯涌出量与煤层的埋藏深度之间都存在正相关关系,即随着煤层埋藏深度的增加而增加。这种现象在全国许多矿井中都是存在的,并常常在一定的深度范围之内变化比较明显。我国多数矿井都根据各自开采和生产实践总结了各自矿区的瓦斯梯度,在邻近区或深部瓦斯预测中得到了应用。研究表明:当深度不大时,煤层瓦斯含量随埋深的增大基本成线性规律增加;当埋深达到一定值后,煤层瓦斯含量将会趋于常量,并有可能下降。

例如焦作煤田,煤层瓦斯含量在不受断层与地质构造影响的地段,可用公式 $X=6.58+aH(\text{m}^3/\text{t})$ 来表示。相关系数 $r=0.96$,埋深 $H>150$ m(瓦斯风化带深),其中 a 为常数,取值为 0.038 m³/(t·m)。苏联一些矿区实测的瓦斯含量与深度之间的关系也证实了上述分析。研究表明,在典型地层中,煤层瓦斯含量随埋深增大而有规律增加,一般情况下,埋深每增加 100 m,煤层瓦斯含量增加 0.5～1.1 m³/t。

2) 煤层和围岩的透气性

煤系地层岩性组合及其透气性对煤层瓦斯含量有重大影响。煤层及其围岩的透气性越大,瓦斯越易流失,煤层瓦斯含量就越小;反之,瓦斯易于保存,煤层的瓦斯含量就越高。煤层与岩层的透气性可在非常宽的范围内变化,表 1-2 列出了煤层及岩石的透气性系数。从表中可以看出:可见孔隙与裂缝发育的砂岩、砾岩和灰岩的透气性系数非常大,它比致密而裂隙不发育的岩石(如砂页岩、页岩等)的透气性系数高成千上万倍。现场实践表明:煤层顶底板透气性低的岩层(如泥岩、充填致密的细碎屑岩、裂隙不发育的灰岩等)越厚,它们在煤系地层中所占的比例越大,

表 1-2　煤层及岩石的透气性系数

矿井	煤层	透气性系数 /(m²·MPa⁻²·d⁻¹)	岩石种类	透气性系数 /(m²·MPa⁻²·d⁻¹)
抚顺龙凤矿	本层	150	砂岩[美]	20～92 000
包头河滩沟矿		11.2～17.2	砂岩[苏]	0.02～56 000
鹤壁六矿		1.2～1.8	灰岩、白云岩[苏]	0.028～92 000
焦作朱村矿	大煤	0.4～3.6	泥岩[苏]	4～3 600
红卫坦家冲矿	6	0.24～0.72	砾岩[日]	1 206.8
涟邵蛇形山矿	4	0.2～1.08	砂岩[日]	4～320
六枝地宗矿	7	0.5	砂页岩[日]	0
中梁山矿	K₁	0.32～1.16	页岩[日]	0
北票冠山矿		0.008～0.228		
天府磨心坡矿	9	0.004～0.04		
淮南谢一矿	B₁₁ᵦ	0.228		
淮北芦岭矿	8	0.028		
阳泉北头咀矿	3	0.016		

往往煤层的瓦斯含量越高。例如重庆、贵州六枝、湖南涟邵等地区,由于其煤系主要岩层均是泥岩、页岩、砂页岩、粉砂岩和致密的灰岩,而且厚度大、横向岩性变化小,围岩的透气性差,封闭瓦斯的条件好,所以煤层瓦斯压力高、瓦斯含量大,这些地区的矿井往往是高瓦斯或有煤与瓦斯突出危险的矿井;反之,当围岩是由厚层中粗砂岩、砾岩或是裂隙溶洞发育的灰岩组成时,煤层瓦斯含量往往较小。例如山西大同煤田、北京西部煤田,由于煤层顶底板主要是厚层砂岩,透气性好,故而煤层瓦斯含量较低。

目前,根据岩性及透气性的不同,将煤层围岩划分为屏障层、半屏障层及透气层3种基本类型:

(1)屏障层,即瓦斯难以通过的岩层。在煤系地层中,常见的屏障层有:以黏土矿物为主,岩性致密的泥岩和砂质泥岩;胶结物含量不低于15%,成分以黏土矿物、泥质物为主,属孔隙式或基底式胶结类型的粉砂岩;薄层砂岩与砂质泥岩互层或薄层砂岩夹砂质泥岩。这些岩层在矿井巷道揭露后岩壁干燥,无明显潮湿和滴水现象,厚度一般在5 m以上,它的邻近层虽有透气层,但仍以屏障层为主;组成的岩层剖面结构,如其上覆或下伏为岩溶发育的灰岩,则厚度一般不少于15 m(包括部分砂岩夹泥岩,或砂岩、泥岩互层组成的岩层)。

(2)半屏障层,即瓦斯从岩层中流动通过的难易程度介于屏障层与透气层之间的岩层。在煤系地层中属于这一类的岩层常见的有:胶结物含量为10%~15%、胶结物成分中的黏土矿物含量较低、多属接触式胶结的粉砂岩;碎屑成分以石英为主、含长石、胶结物含量大于20%、成分以黏土矿物为主,碎屑颗粒分选、磨圆程度中等,属孔隙式到基底式胶结的薄至中厚层状的细砂岩;细-中粒砂岩夹薄层(毫米级以下)砂质泥岩,厚度一般在2.5 m以上。

(3)透气层,即瓦斯易于流动通过的岩层。在煤系地层中属于这一类的岩层常见的有:碎屑成分以石英为主、分选和磨圆中等、胶结物含量一般在15%以下、以接触式到孔隙式胶结为主、多呈厚层状、岩性硬脆、裂隙发育的细粒级以上的砂岩和砾岩;泥质成分含量低,岩溶发育的石灰岩,厚度一般在5 m以上,矿井巷道揭露后常有滴水现象。

以煤层围岩的透气性为主要依据,并适当考虑构造断裂等因素,将煤层围岩对瓦斯的保存条件划分为封闭型、半封闭型、开放型3类。

(1) 封闭型。煤层直接围岩均由屏障层所组成,当屏障层较薄时,在煤层顶板屏障层之上、底板屏障层之下,尚应有透气层不太厚且与屏障层或半屏障层互通的岩层,区内贯穿煤层并与透气层沟通的断裂个别发育,瓦斯一般只能沿煤层由深部往浅部运移放散,如图1-5(a)所示,能很好地保存瓦斯。一般情况下,严重突出矿井的煤层瓦斯赋存条件多是封闭型,如湖南里王庙与坦家冲矿井6号煤层、蛇形山矿井4号煤层。

(2) 半封闭型。这一类型较复杂,目前认为凡具有下列情况之一者,均属半封闭型:

a. 煤层围岩均为半屏障层;煤层顶板为半屏障层,底板为屏障层;煤层顶板为屏障层,底板为半屏障层。

b. 煤层顶底板岩性均为屏障层,但由于屏障层薄且不稳定,故常有"气窗"出现,只在一定范围内仍能保存一定量的瓦斯。这种现象在实际矿井中较常见,并且往往容易导致局部瓦斯涌出不均衡现象。

所谓"气窗"现象,一般是指当煤层围岩屏障层不发育,顶板或底板局部存在缺失,造成局部范围煤层直接与上覆或下伏透气层接触;或者,煤层下伏为灰岩,煤层中出现灰岩溶洞发育而产生的陷落柱的现象。在这种情况下,煤层中的瓦斯一方面仍然沿着煤层从深部往浅部流动放散,另一方面,通过与煤层接触的透气层或陷落柱流入透气层中,再从透气层中流动放散,如图1-5(b)所示。一般情况下,"气窗"的存在有利于煤层瓦斯的排放。

c. 煤层围岩为屏障层,但有密度较大的张性断层或裂隙切穿煤层和透气层,构成了瓦斯排放通道,如图1-5(c)所示。

上述三种情况一般尚能在一定范围内保存一定的"承压瓦斯",使得煤层中瓦斯流动状态复杂多变。我国属于这一类的煤层较多,如湖南白沙矿区的坦家冲矿井6号煤层、湖坪与香花台矿井2号煤层等。

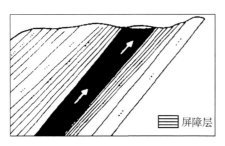

（a）顶底板封闭条件下瓦斯流动示意图

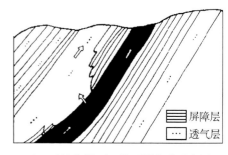

（b）顶板有"气窗"的瓦斯流动示意图

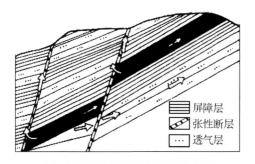

（c）有断裂通道的瓦斯流动示意图

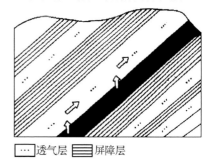

（d）顶板为透气层的瓦斯流动示意图

图 1-5　煤层围岩划分图

（3）开放型。煤层围岩为透气层，包括 3 种情况：

a. 煤层顶板为屏障层，底板为透气层；

b. 煤层底板为屏障层，顶板为透气层，如图 1-5(d)所示；

c. 顶底板透气层未被其他的屏障层所封闭，瓦斯放散条件很好。

在这种情况下，煤层中的瓦斯难于保存，低瓦斯矿井的煤层围岩有许多就属于开放型。

　3）煤层倾角

在同一埋深及条件相同情况下，煤层倾角越小，煤层的瓦斯含量就越高。例如芙蓉煤矿北翼煤层倾角大（40°～80°），相对瓦斯涌出量约 20 m^3/t，无瓦斯突出现象；反之，南翼煤层倾角小（6°～12°），相对瓦斯涌出量则高达 150 m^3/t，而且具有发生瓦斯突出的危险。这种现象的主要原因在于：煤层透气性一般大于围岩，煤层倾角越小，在顶板岩性密封好的条件下，瓦斯不易通过煤层排放，煤体中的瓦斯容易贮存。

4）煤层露头

煤层露头是瓦斯向地面排放的出口,因此,露头存在时间越长,瓦斯排放就越多。例如福建、广东地区的煤层多有露头,瓦斯含量往往较低。反之,地表无露头的煤层,瓦斯含量往往较高。例如四川中梁山煤田,由于煤层无露头,而且为背斜构造,所以煤层瓦斯含量高。

5）煤的变质程度

煤是天然的吸附体,煤的吸附程度越高,其存贮瓦斯的能力就越强。一般情况下,在瓦斯带内,倘若其他因素相同,煤化变质程度不同的煤,其瓦斯含量不仅有所不同,而且随着深度的增加,其瓦斯含量增加的量也有所不同。表1-3为苏联两个矿区甲烷带内煤层瓦斯含量与煤化变质程度及深度的关系实测值。从中可以看出:随着煤化变质程度的提高,在相同深度下,不仅瓦斯含量高,而且瓦斯含量梯度也大。

表1-3　甲烷带内煤层瓦斯含量与煤化程度及深度的关系

煤田或矿井	煤化程度（煤牌号）	煤层瓦斯含量/($m^3 \cdot t^{-1}$)					
		从甲烷带上边界算起的深度/m					
		100	200	300	400	600	800
英琴斯克煤田	长焰煤	3～4	4～5		5～6	6～7	
谢金斯克煤田	气煤	6～7	8～9	9～10			
沃尔库茨克煤田,西翼,向斜	肥煤	9～12	17～20	20～24	23～27	27～32	23～35
沃尔库茨克煤田,东翼,向斜	肥煤	8～10	13～15	16～19	18～22	21～26	24～29
米尔列罗夫斯基区	长焰煤	2～3	3～4		4～5	5～6	6～7
西顿巴斯矿	气煤	4～5	6～7	8～9	9～10		10～12
北伊兹瓦林斯克一矿和南西一矿	肥煤、焦煤	5～6	7～9	10～11	12～15	14～15	16～18
贝斯特梁斯克,向斜	瘦煤	11～13	15～17	18～20	19～21	20～22	22～24
南卡明斯克一矿	肥煤-半无烟煤	9～11	13～15	16～18	19～21	22～24	25～28
顿巴斯矿区,向斜	半无烟煤-低变质无烟煤	20～24	26～29	28～31	29～33	30～34	33～37

但是,根据研究,对于高变质无烟煤,其瓦斯含量不符合上述规律。这是因为,高变质无烟煤的结构发生了质的变化,孔隙率和表面积大大减少,其瓦斯含量低,一般不高于 $2\sim3$ m^3/t,而且与埋深无关。例如我国湖南梅田矿区的文化村矿,煤变质已接近石墨状态,挥发分仅为 3.14% 左右,瓦斯含量很低。

6) 煤系地层的地质史

成煤有机物沉积以后直到现今煤化阶段,经历了漫长的地质年代,其间地层多次下降或上升,覆盖层会加厚或遭受剥蚀,陆相-海相会交替变化,可能会遭受地质构造运动破坏等等,所有这些地质过程及其延续时间的长短都对煤层瓦斯含量的大小有巨大的影响。从沉积环境上看,海陆交替相含煤系,聚煤古地理环境属于滨海平原,往往岩性与岩相在横向上比较稳定,沉积物粒度细,这时形成的煤系地层的透气性往往较差;如果其上又长期遭受海浸,并被泥岩、灰岩等致密地层覆盖,这种煤层的瓦斯含量有可能很高。反之,对于陆相沉积,由于内陆环境横向岩性岩相变化大且覆盖层多为粗粉碎屑岩,这种煤系地层往往不利于瓦斯的封存,煤层的瓦斯含量一般都较低。因此,煤系地层的地质史对煤层瓦斯含量的大小有很大的影响。

7) 地史演化过程中的风化、剥蚀程度

含煤地层沉积后,后期抬升的幅度和剥蚀程度对煤层瓦斯的赋存也具有重要的影响。一般情况下,抬升时期比较早、抬升幅度比较大、风化剥蚀程度比较严重的地区,风化带比较发育,煤层瓦斯含量也就比较低,大部分地区都是低瓦斯区。例如鲁西地区和苏北一带,都是华北地区的低瓦斯区,煤层瓦斯含量和矿井瓦斯涌出量都明显低于相邻的淮南、豫西和豫北地区,在所研究的矿井中 95% 以上为低瓦斯矿井,矿井瓦斯涌出量都在 5 m^3/t 以下。在地质历史演化过程中,含煤地层沉积后,大幅度的抬升、较强烈的风化剥蚀是鲁西地区和苏北一带煤层瓦斯含量偏低的主要原因。

1.3.2　区域地质构造

地质构造是影响煤层瓦斯赋存及含量的最重要条件之一。目前一般认为,封闭型地质构造有利于瓦斯封存,开放型地质构造有利于瓦斯的排放。具体而言,影响煤层瓦斯赋存的地质构造包括以下几个方面:

1) 褶曲构造

褶曲类型和褶曲复杂程度对瓦斯赋存均有影响。当围岩的封存条件较好时,背斜往往有利于瓦斯的储存,是良好的储气构造;但是,在封闭条件差,围岩透气性较好的情况下,背斜中的瓦斯容易沿裂隙逸散。在简单的向斜盆地构造矿区中,煤层瓦斯排放的条件往往是比较困难的,在这种情况下,煤层瓦斯沿垂直地层方向运移十分困难,大部分瓦斯仅能够沿煤田两翼流向地表,故而瓦斯赋存条件较好;但是,在盆地边缘部分,由于含煤地层暴露面积大,因此瓦斯易于排放。在深受侵蚀的褶曲矿区,瓦斯往往更易于排放,其主要原因在于,这些地区,矿区的大部分范围内的含煤岩系中的瓦斯都流向地表。对于复式褶曲或紧密褶曲,当盖层封闭条件良好时,煤层瓦斯赋存分布往往不均衡且出现相对的富集。

从岩石力学的角度来看,褶曲构造属弹塑性变形,可保留一定范围的原始应力状态,在褶曲部位形成相对的高压区和高瓦斯区(简称"双高区")。在双高区范围内,不同部位的应力分布和瓦斯分布也不相同:在褶曲的轴部,变形量大,相对而言,能量释放最多,应力缓解,压力降低,形成卸压带和低瓦斯区;由轴部向外,即褶曲轴附近的两翼,应力集中,形成高压带和煤层瓦斯聚积带(高瓦斯区);由此向外,压力和瓦斯均逐渐降低,形成相对的低压带和低瓦斯区;再向外,则进入正常地带,压力和瓦斯均恢复常值。即双高区比正常区瓦斯高,但其中间部分(轴部)略低,这就形成了瓦斯在褶曲构造中呈驼峰形的曲线分布。例如,河南焦作矿务局焦西矿、李封矿,40 多次瓦斯突出均发生在向斜轴部附近的两翼,不在轴部;而焦西矿—55 m 水平所发生的瓦斯突出均在距离背斜轴部 50~100 m 的地方,也不在轴部。

另外,据山西省相关统计资料表明:高瓦斯矿区基本分布在向斜轴部、背斜鞍部、鼻状构造的倾斜端以及 S 形背斜转折端。

2）断裂构造

地质构造中的断层不仅破坏了煤层的连续完整性,而且也使煤层瓦斯排放条件发生了变化。有的断层有利于煤层瓦斯的排放,有的断层则不利于瓦斯的排放而成为阻挡瓦斯排放的屏障。前者为开放性断层,后者为封闭性断层。断层的开放性与封闭性主要取决于以下条件:

（1）断层的性质。张性正断层属于开放性断层,而压性或压扭性逆断层则属于封闭条件较好的封闭性断层。

（2）断层与地面或冲积层的连通情况。一般情况下,规模大且与地面相通或与松散冲积层相连的断层,瓦斯排放条件好,为开放性断层。

（3）煤层与断层另一盘接触的岩层的性质。倘若该岩层透气性好,则有利于瓦斯的排放,该断层为开放性断层。

（4）断层带的特征。断层带的特征主要反映在断层面的充填情况、断层的紧密程度以及断层面裂隙发育情况等。

此外,断层的空间方位对瓦斯的贮存、排放也有影响。一般认为,走向断层阻隔了瓦斯沿煤层倾斜方向的排放而有利于瓦斯贮存;倾向和斜交断层则把煤层切割成互不联系的块体而有利于瓦斯的排放。

在围岩透气性较好的开放型地区,构造越复杂、裂隙越发育,则该处通道就多,排气就越快,保存的瓦斯就越少;在围岩透气性较差的封闭型地区,岩层多为屏障层,况且即使有较多的张性断裂存在,往往也不易形成瓦斯排放通道,故而瓦斯容易得以保存。例如,我国湖南一些矿区,由于处于开放型系统中,且地质构造很复杂,断裂较密集,煤层破坏严重,因而煤层瓦斯含量低,矿井未发生过瓦斯突出事故;福建、广东多数矿区也有类似情况。

3）构造复合、联合

构造复合、联合部位多属于地应力集中地带,容易造成封闭瓦斯条件,故而有利于煤层瓦斯的赋存。例如,湖南的郴耒煤田,尽管其构造的主体部分是耒临南北构造带,但由于该地带南部与南岭东西带复合、中部与华夏系复合,使得这个南北构造带被改造成为弧度大小不一的正弦曲线状,弧顶交替向东、西凸出,构造异常复杂。从目前揭露的情况来看,位于构造体系的交汇部位的马田、永红、梅田矿区都是高瓦斯矿区,并且有瓦斯突出危险;而位于新华夏系和秦岭东西构造带联合部位的焦作矿区则是河南省的高瓦斯区,且瓦斯突出严重。

4) 构造组合

构造组合是指控制瓦斯分布的构造形迹的组合形式。从目前来看,大致可以划分为以下几种类型:

(1) 矿井边界为压性断层的封闭型。这一类型目前是指压性断层作为矿井的对边边界,断层面一般为相背倾斜,导致整个矿井处于封闭的条件下,故而煤层瓦斯含量高。例如,内蒙古大青山煤田,南北两侧均为逆断层,且断层面倾向相背,煤田位于逆断层的下盘,在构造组合上处于较好的封闭条件,故而该煤田内多数煤层瓦斯含量普遍高于区内开采的同时代含煤岩系的其他煤田。

(2) 构造盖层封闭型。煤层的盖层条件是指沉积盖层,从构造角度看,也可指构造成因的盖层。例如,当某一较大的逆掩断层将大面积透气性差的岩层推覆到煤层或煤层附近上方时,这时会改变原有煤层的盖层条件,同样会对煤层瓦斯起到封闭作用。例如吉林通化矿区的铁厂二井,其北北东向的张性断层虽然有利于煤层瓦斯的排放,但是,由于煤层上覆地层被 F28 逆断层的上覆所覆盖,在断层面及上覆地层的封闭作用下,下盘煤层瓦斯大量积聚,瓦斯含量增高。

(3) 正断层断块封闭型。该类型一般是由 2 组不同方向的压扭性正断层在平面上组成三角形或多边形块体,而井田边界则为正断层所圈闭。其特点是除接近正断层露头的浅部或与煤层接触的断层另一盘的透气性好的煤层的瓦斯含量较低外,其余皆因断层的挤压封闭而有利于瓦斯的赋存,煤的瓦斯含量增高。焦作煤田基本上便属于此类。

5) 水文地质条件

地下水与瓦斯共存于含煤岩系及围岩之中,其运移和赋存都与煤层和岩层的孔隙、裂隙通道有关。地下水的运移,一方面驱动着裂隙和孔隙中的瓦斯运移,另一方面又带动了溶解于水中的瓦斯一起流动,经过漫长的地质年代,地下水可以带走数量可观的溶解瓦斯;同时,地下水的溶蚀作用会带走大量的矿物质,导致煤系地层的天然卸压,地应力降低,从而引起煤层及围岩透气性增大,从而加大了煤层瓦斯的流失。因此,地下水的活动有利于瓦斯的排放。另外,水被吸附在裂隙和孔隙的表面后还降低了煤对瓦斯的吸附能力,增大了瓦斯排放能力。地下水和瓦斯所占的空间是互补的,其表现为水大地带瓦斯少,反之亦然。

俄罗斯库兹巴斯煤田克麦罗夫矿区,1959—1968 年,每年各取一个"水"和"气"的平均值,绘制出了如图 1-6 所示的曲线图。从图中可以看出:含水丰度大,则含气丰度小。

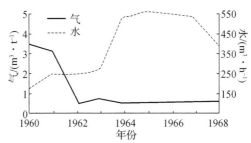

图 1-6 克麦罗夫矿区含水、气对比曲线图

我国湘中、湘南一带的晚二叠纪龙潭组,在北纬 27°40′以北地区,水文地质条件比较复杂,矿井涌水量在 1 000 m³/h 以上,矿井瓦斯涌出量比较低,13 对省重点煤矿中有 9 对为低瓦斯矿井;在北纬 27°40′以南地区,水文地质条件比较简单,矿井涌水量在 100 m³/h 以下,矿井瓦斯涌出量比较高,大多数矿井为高瓦斯矿井。河北峰峰煤田是华北水大矿区之一,由于该区鼓山两侧若干条较大断层切割了含煤岩系,与断层另一盘奥陶纪灰岩相接触的主要可采煤层处于地下水强径流带范围,因而鼓山以西的矿井全部属于低瓦斯矿井,瓦斯含量小。峰峰羊渠河矿开采的山西组煤层,水文地质条件较为简单,煤层瓦斯含量为 10 m³/t;而受岩溶裂隙水影响较大的小青煤层,其瓦斯含量仅有 2~3 m³/t。

1.3.3 采矿工作

煤层瓦斯的赋存不仅取决于煤的结构、地质构造条件,而且还与煤层本身所受的应力状态、煤体透气性大小有关。煤矿井下采矿工作会使煤层所受应力重新分布,造成次生透气性结构;同时,矿山压力可以使煤体透气性增高或降低,其表现为在卸压区内透气性增高,集中应力带内透气性降低。因此,采矿工作会使煤层瓦斯赋存状态发生变化,具体表现为在采掘空间中瓦斯涌出量忽大忽小。例如开采上、下保护层时,地层应力重新分布。图1-7所示为保护层开采后各参数的变化曲线,保护层开采,由于引起地层应力的重新分布,因此在保护范围内煤(岩)体透气性增大,煤体中的瓦斯大量释放,导致瓦斯赋存状态发生很大的变化。表现为保护层本身的开采过程中,瓦斯涌出量增大,而使邻近保护层中的瓦斯得到释放。在厚煤层分层开采中,也会有类似的现象。

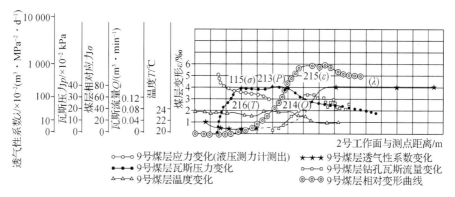

图1-7 天府南井2号层开采后9号层各参数变化情况

在工作面回采时,不仅会使暴露面积和围岩移动大为增加,而且还会形成沿工作面长度分布的最大值不断变化的应力集中带,使得近工作面带的煤层透气性增加,而集中应力带的煤层透气性降低。由于回采时煤体透气性变化常常取决于大量的不经常明显表现出来的因素,因而其给煤层瓦斯赋存状态带来的变化也十分复杂,往往表现出工作面瓦斯涌出量变化不定,个别情况下还容易引起煤与瓦斯突出。

除了上述影响煤层瓦斯含量的主要因素外,岩浆活动也是影响瓦斯含量的一个重要因素。岩浆侵入含煤岩系、煤层,使煤、岩层产生胀裂及压缩。岩浆的高温烘烤可使煤的变质程度升高,增加煤的瓦斯吸附能力。另外,岩浆岩体有时使煤层局部被覆盖或封闭。但有时因岩脉蚀变带裂隙增加,造成风化作用增加,逐渐形成裂隙通道。所以说,岩浆侵入煤层对瓦斯赋存既有形成、保存瓦斯的作用,也有在某些条件下使瓦斯逸散的可能。因此,在研究岩浆岩对煤层瓦斯的影响时,要结合地质背景做具体分析。

1.4 本章小结

（1）矿井瓦斯是成煤作用过程中伴生的，主要成分包括 CH_4、重烃（C_nH_m）、H_2、CO_2、CO、NO_2、SO_2、H_2S、Rn 等。

（2）瓦斯以游离和吸附两种状态存在于煤体内，主要以吸附为主。

（3）目前贮藏在煤体中瓦斯含量的多少主要取决于保存瓦斯的条件，而不是生成瓦斯量的多少。影响煤层瓦斯含量的主要因素有：煤层储气条件、区域地质构造和采矿工作。

2 综放面瓦斯开采技术条件

2.1 阳泉矿区开采技术条件概况

2.1.1 阳泉矿区煤层赋存条件

阳泉煤业有限责任公司位于山西省沁水煤田的东北部,太行山背斜的西翼。矿区主要开采沁水煤田石炭二叠系煤层,赋存相对简单,地层较平缓,地质构造主要以背斜和向斜交替出现的褶曲为主,矿区内断层较少。矿区东南部陷落柱十分发育。到目前为止共发现陷落柱 200 多个,最小的直径 10 m,最大的直径 370 m,局部密度可达 28 个/km²。陷落柱及断层是瓦斯逸散的重要通道。煤系地层总厚度 180 m,煤层总厚度 13~15 m,距地表深度 150~500 m,煤层倾角一般为 5°~10°,共有 16 层煤,其中 3 号煤(俗称七尺煤)、12 号煤(四尺煤)、15 号煤(丈八煤)为主采煤层,6 号、8 号、9 号煤层为局部可采煤层,所有煤层均为高变质无烟煤。其煤层地质柱状图见图 2-1。

阳煤集团现有 6 个矿 10 对生产矿井,其中开采 15 号煤的生产井区有 6 个,共 10 个综采放顶煤工作面。其他井区分别开采 3 号、6 号、8 号、9 号、12 号等煤层,回采工作面综合机械化程度达 100%。

煤系地层为石炭二叠系的太原组和山西组,含煤建造为海陆交互相沉积,太原组由灰黑色砂质泥岩、泥岩、灰白色砂岩及层状石灰岩(K_2、K_3、K_4)组成,其中含有 8~15 号煤层,部分地区缺失 14 号、10 号煤层。山西组主要由黑灰色砂质泥岩、泥岩和灰白色中粗粒砂岩组成,夹有 1~7 号煤层,部分地区缺失 4 号、7 号煤层。矿

地层	累厚(m)	层厚 最大-最小 平均(m)	柱状 1:200	岩石名称	岩性描述
下二叠统山西组P_{1s}	6.50	9.61-5.30 / 6.50		中粒砂岩	灰白色中粒砂岩
	13.70	9.16-5.87 / 7.20		粉砂质泥岩	灰色粉砂质泥岩
	14.00	0.40-0.20 / 0.30		1#煤	1#煤
	18.00	4.60-3.50 / 4.00		粉砂质泥岩细砂岩互层	灰色－灰白色粉砂质泥岩与细粒砂岩互层
	18.65	0.78-0.60 / 0.65		2#煤	2#煤
	20.65	4.80-0.00 / 2.00		粉砂质泥岩	灰褐色粉砂质泥岩
	26.65	6.15-5.84 / 6.00		细粒砂岩	灰白色细粒砂岩
	34.25	8.40-6.03 / 7.60		中粒砂岩	灰白色中粒砂岩
	36.35	2.30-1.40 / 2.10		粉砂质泥岩	灰黑色粉砂质泥岩，含植物化石
	38.65	2.47-2.26 / 2.30		3#煤	3#煤
	43.45	6.66-0.50 / 4.80		粉砂质泥岩	灰褐色粉砂质泥岩，富含植物根部化石
	43.75	0.40-0.20 / 0.30		4#煤	4#煤
	46.25	5.13-0.00 / 2.50		粉砂泥岩与细砂岩互层	粉砂质泥岩与细粒砂岩互层
	51.05	5.90-1.67 / 4.80		细粒砂岩	灰白色细粒砂岩
	59.05	8.70-4.73 / 8.00		粉砂质泥岩	灰黑色粉砂质泥岩
	60.70	1.70-1.52 / 1.65		6#煤	6#煤
	63.40	3.22-0.00 / 2.70		粉砂质泥岩	灰黑色粉砂质泥岩
	67.90	9.40-4.20 / 4.50		细粒砂岩	灰白色细粒砂岩
	76.90	9.50-7.40 / 9.00		粉砂质泥岩	灰黑色粉砂质泥岩
上石炭统太原组C_{3t}	78.10	3.00-0.00 / 1.20		泥岩	灰黑色泥岩
	79.70	1.97-1.15 / 1.60		8#煤	8#煤层
	81.20	3.60-1.00 / 1.50		粉砂质泥岩	灰黑色粉砂质泥岩
	83.20	4.10-1.70 / 2.00		细粒砂岩	灰白色细粒砂岩
	86.10	11.64-0.78 / 2.90		中粒砂岩	灰白色中粒砂岩
	89.90	5.70-2.78 / 3.80		粉砂质泥岩细砂岩互层	粉砂质泥岩与细粒砂岩互层
	94.30	5.20-1.40 / 4.40		粉砂质泥岩	灰黑色粉砂质泥岩
	95.50	2.60-0.00 / 1.20		细粒砂岩	灰白色细粒砂岩
	97.30	2.50-1.40 / 1.80		粉砂质泥岩	灰黑色粉砂质泥岩
	99.01	2.33-0.54 / 1.71		9#煤	9#煤
	106.46	9.90-4.17 / 7.45		粉砂质泥岩	深灰色粉砂质泥岩
	108.73	2.70-1.71 / 2.27		石灰岩	深灰色石灰岩（猴石灰岩）
	109.07	0.49-0.21 / 0.34		11#煤	11#煤
	111.97	4.95-1.52 / 2.90		中粒砂岩	灰白色中粒砂岩
	114.98	4.00-2.80 / 3.01		细粒砂岩	灰白色细粒砂岩
	120.78	10.50-2.17 / 5.80		粉砂质泥岩	灰黑色粉砂质泥岩，含植物化石
	122.38	1.89-1.37 / 1.60		12#煤	12#煤煤层结构0.55（0.20）0.85
	125.94	9.37-1.58 / 3.56		细粒砂岩	灰白色细粒砂岩
	129.22	4.47-1.61 / 3.28		粉砂质泥岩	深灰色粉砂质泥岩，含植物化石
	132.96	6.57-2.40 / 3.74		石灰岩	深灰色石灰岩（俗称钱石灰岩）
	133.26	1.51-0.00 / 0.30		泥岩	灰黑色泥岩
	134.11	0.92-0.67 / 0.85		13#煤	13#煤
	140.54	10.41-1.76 / 6.43		细粒砂岩	灰白色细粒砂岩
	147.58	8.51-4.57 / 7.04		粉砂质泥岩	深灰色粉砂质泥岩
	157.13	11.00-8.51 / 9.55		石灰岩	灰－深灰色石灰岩，夹2~3层泥岩，俗称四节石灰岩，含动物化石
	161.09	7.28-0.77 / 3.96		泥岩	黑灰色泥岩，局部相变为粉砂质泥岩
	167.78	7.71-5.68 / 6.71		15#煤	煤层结构 0.38（0.15)4.28(0.08)1.80
	173.64	7.16-3.90 / 5.86		粉砂质泥岩	深灰色粉砂质泥岩，本区补53钻孔处距底板0.5 m发育0.20~0.70 m厚的小煤

注：本柱状资料主要依据区内钻孔311、补36、补40、352和355编制

图 2－1　阳泉矿区煤系地层综合地质柱状图

区煤层均属于高变质无烟煤,挥发分在 10% 左右,中部及东部低,西部及北部高。

(1) 煤层瓦斯含量。阳泉矿区煤系地层中瓦斯的生、储、盖条件完善,结合主采煤层层位,可将含煤地层大致划分为 3 个瓦斯储集层段:上储集层段为 3 号煤层及其上下邻近层。3 号煤层瓦斯压力为 1.30 MPa,瓦斯含量为 18.17 m^3/t,并且具有煤与瓦斯突出危险性。中储集层段以太原组顶部的厚层泥岩为盖层,储集层包括 12 号煤层及其上下邻近层和两层 K_3、K_4 石灰岩。12 号煤层瓦斯压力为 1.1 MPa,瓦斯含量为 14.75 m^3/t。煤层生成的瓦斯,部分运移到 K_3、K_4 石灰岩的裂隙和溶洞内,造成局部瓦斯富集。下储集层段以 13 号煤层下部的中厚层泥岩为 15 号煤层储集层段的盖层,该段的 15 号煤层和 K_2 石灰岩含有瓦斯。阳泉矿区煤层瓦斯含量和瓦斯压力见表 2-1。

表 2-1 阳泉矿区煤层瓦斯含量及压力值

煤层编号	阳泉老矿区			阳泉五矿		
	煤层覆盖层厚度/m	瓦斯含量/($m^3 \cdot t^{-1}$)	瓦斯压力/MPa	煤层覆盖层厚度/m	瓦斯含量/($m^3 \cdot t^{-1}$)	瓦斯压力/MPa
1	366～400	17.68	1.14	247	4.16	0.2
2	366～400	17.84	1.05	251	4.3	0.4
3	336～400	18.17	1.3	61～400	1.01～15.5	0.05～0.07
4	250～360	18.25	1.01	100～365	1.5～15.1	0.08
5	250～360	18.27	1.14	79～263	0.97～17.2	0.08
6	—	19.91	—	100～186	1.5～17.45	0.05～0.36
8	315～478	21.65	1.5	126～416	1.5～13	0.06～0.36
9	435～503	21.73	2.3	—	—	—
10	—	—	—	308	10.87	0.65
11	397	15.64	1.2～1.34	115～306	4.23～17.5	0.11～0.70
12	367～408	14.75	1.1	51～460	4.7～15.5	0.11～0.65
13	390	17.79	1.25	470	8.01～11.43	0.46
14	—	—	—	153	4.2	0.05
15	350～490	7.13	0.2～0.3	215～510	5.67	0.05～0.2

注:表内阳泉老矿区指一、二、三、四矿矿区。

从表 2-1 中可以看出,老矿区的瓦斯压力均大于五矿的瓦斯压力,因此形成各自的瓦斯压力梯度。总体看来,整个煤系地层的瓦斯压力值呈 9 号、10 号煤层最大,向上向下都有变小的趋势。根据这种趋势,可以计算分析归纳出各煤层瓦斯压力值与覆盖层厚度的关系式:

1~10 号煤层:$p = 0.004\,7H$(单位:MPa);

11~13 号煤层:$p = (0.003\,7 \sim 2.2)H$(单位:MPa);

11~14 号煤层:$p = (0.2 \sim 0.3)H$(单位:MPa)。

(2) 煤层的透气性能。15 号煤层透气性系数平均为 0.000 375 mD,属于低透气性煤层。

(3) 煤的孔隙特征。由扫描电子显微镜观测,得到 3 号、12 号、15 号煤的微观结构,即煤层内部微观结构均呈现封闭型。电镜照片内小空洞的直径最大的约为 3.5×10^{-3} mm,最小的约为 2×10^{-4} mm,空洞密度为 10 个/mm^2。12 号、15 号煤层的微孔孔径比 3 号煤层的微孔孔径大 10~30 倍,但是微孔的连续性和连通性均很差。根据煤的孔隙半径和压汞仪测定的数据进行计算,煤样的孔隙率为 4.26%,孔隙容积为 0.032 m^3/t。

(4) 煤岩瓦斯。根据许多地质勘探钻孔以及开掘的专用巷的勘探结果可知,在阳泉矿区内,除了煤层含有瓦斯外,在邻近石灰岩内,由于灰岩溶洞发育的不均一性,呈现局部富集性储存瓦斯。煤系地层中含有三层黑色石灰岩,自上而下分别为 K_4(俗称猴石)、K_3(俗称钱石)、K_2(俗称四节石),在其裂隙、溶洞及孔隙内含有大量瓦斯。根据不完全统计,K_3、K_4 石灰岩显现瓦斯点多达 40 多处。从石灰岩瓦斯显现的构造类型来看,在向斜部位 K_3 灰岩赋存瓦斯量大,在背斜部位 K_4 灰岩赋存瓦斯量大;从显现点来看,桃河向斜两侧赋存瓦斯量大于其他地区。

2.1.2 综放工作面瓦斯涌出规律

1) 15 号煤层及上邻近层瓦斯赋存特征

(1) 瓦斯赋存特征

由于受地质因素及构造运动的影响,煤层瓦斯的赋存及显现具有明显的区域性,在生气层及储气层均会出现局部富集状态。阳泉矿区煤系地层瓦斯赋存相对简单,地层较平缓,倾角一般为5°～10°,地质构造主要以背斜和向斜交替出现的褶曲为主,断层较少,但煤田东南部陷落柱十分发育。

勘探钻孔及专用巷勘探表明,除煤层作为生气层含有瓦斯外,在石灰岩内也含有瓦斯。如三矿303号钻孔钻至15号煤层顶板灰岩180.79 m时,孔口喷出大量瓦斯,瓦斯压力为0.2～0.3 MPa,瓦斯浓度为79.76%。

（2）瓦斯赋存规律

由于煤系地层瓦斯的生、储、盖条件的特殊性,随深度变化的煤层瓦斯压力梯度呈两个关系。山西组陆相地层,随深度增加,瓦斯压力也增加;而太原组近海相地层,石灰岩裂隙溶洞发育,局部积聚大量来自煤层的瓦斯,因煤层原生瓦斯运移,瓦斯压力与深度关系出现倒置现象。

阳泉矿区煤、岩瓦斯赋存具有以下特点:煤层均富含瓦斯;煤系地层的太原组K_2、K_3、K_4石灰岩层局部集聚大量游离瓦斯。它们的赋存规律是:陆相地层,随煤层埋藏深度增加,瓦斯压力增大;而海陆交互地层,瓦斯压力的大小则随深度增加而减少。集聚于灰岩内的瓦斯与地质构造有关,向斜部大于背斜部,且水大时瓦斯也大。

2）综放工作面瓦斯涌出规律

目前阳泉矿区综放工作面开采的15号煤层本身瓦斯含量及瓦斯压力都不大,开采时瓦斯涌出量很小。本煤层瓦斯涌出主要来自落煤及开采中暴露的煤壁。但是,由于综放开采采高较大和顶板垮落影响范围大,瓦斯主要来源于开采煤层以外受采动影响的邻近煤层及围岩。它占的比重多少对矿井通风、瓦斯抽放及开采布局和强度等都有影响,因此阳煤集团对开采15号煤层综放工作面瓦斯涌出来源进行了详尽的分析研究。

（1）分层开采工作面瓦斯涌出规律

15号煤层厚度6.5 m,开采工艺可分为炮采、普采、综采和综放。采用炮采、普采、综采时,用人工假顶分三层至两层自上而下开采。到1990年,15号煤层推广综采放顶煤开采工艺,由分层开采改为一次采全高。

由于采用自上而下的开采顺序,15号煤层开采时瓦斯涌出量普遍较小。表2-2为一矿、二矿、四矿工作面分层开采瓦斯涌出情况。

（2）综放开采工作面瓦斯涌出规律

采用综采放顶煤采煤工艺以后，因单位时间内割、落、放煤量大，瓦斯涌出量有所增加。对于上部 3 号、12 号煤层已采的工作面，综放工作面的正常绝对瓦斯涌出量也均不超过 5 m³/min，见表 2-3。

表 2-2 一矿、二矿、四矿工作面分层开采瓦斯涌出量

矿名	工作面编号	层位	绝对瓦斯涌出量 /(m³·min⁻¹)	相对瓦斯涌出量 /(m³·t⁻¹)
一矿	8505	上层	0.712	0.736
		下层	0.552	0.312
	8501	上层	0.544	1.125
		下层	0.806	2.126
	8502	上层	0.468	1.678
		下层	0.46	0.884
二矿	8301	上层	0.84	2.17
		中层	0.57	4.98
		下层	0.61	3.45
	8108	上层	0.36	3.19
		中层	0.4	4.89
		下层	0.58	2.74
四矿	8013	上层	0.98	7.5
		中层	1.04	7.8
		下层	1.08	11.6

表 2-3 综放工作面瓦斯涌出情况(上部煤层已采)

工作面编号	采长 /m	采高 /m	最高日产/t	绝对瓦斯涌出量 /(m³·min⁻¹) 最大	平均	相对瓦斯涌出量 /(m³·t⁻¹) 最大	平均
一矿 8603	116	6.3	6 800	3.84	2.44	6.45	1.3
二矿 8403	135	6.6	2 036	1.4	0.94	3.37	1.44
三矿 8606	144	5.8	3 046	4.02	1.77	6.22	1.86
四矿 8312	144	5.5	5 244	2.78	1.58	1.52	0.69

但对于上部主采煤层未采而直接开采下部 15 号煤层的工作面,瓦斯涌出量呈数十倍增长。如五矿大井 8204 综放工作面,当开采进度达 42 m 时,邻近层瓦斯大量涌出,工作面回风流瓦斯浓度高达 8%～10%,绝对瓦斯涌出量最高达到 108 m³/min。通过抽放后,工作面绝对瓦斯涌出量降到 5 m³/min。在抽放的 11 个月中最高抽放量达 90 m³/min,平均为 65.35 m³/min,抽放量占工作面总瓦斯涌出量的 93%。

对于上部 3 号煤层已采、12 号煤层未采,开采 15 号煤层时的工作面瓦斯涌出量比上部煤层均未开采时瓦斯涌出量略低,比上部已开采时的瓦斯涌出量高数十倍,如一矿北丈八井的 81002 工作面。工作面的绝对瓦斯涌出量平均为 44.8 m³/min,最高达 56.2 m³/min,抽放量为 33.7 m³/min。

15 号煤层上部可采煤层未开采及上部可采煤层部分开采的综放工作面,瓦斯涌出量的大小相差不大,后者略低于前者。主要是 12 号煤层是否开采对综放面瓦斯涌出影响较大,见表 2-4。

表 2-4 综放工作面瓦斯涌出情况

工作面 (编号)	采高 /m	煤厚 /m	平均日产量 /t	绝对瓦斯涌出量 /(m³·min⁻¹)	相对瓦斯涌出量 /(m³·t⁻¹)	备 注
五矿 8204	6.8	6.8	1 994	65.35	47.19	上部未采
五矿 8202	6.8	6.8	1 602	36.82	33.1	上部未采
五矿 8108	6.8	6.8	1 656	41.98	36.5	上部未采
五矿 8107	6.8	6.8	1 627	55.56	49.17	上部未采
五矿 8109	6.8	6.8	1 438	51.17	51.24	上部未采
五矿 8214	6.8	6.8	976	43.94	64.83	上部未采
五矿 8110	6.8	6.8	1 554	38.9	36.05	上部未采
五矿 8211	6.8	6.8	1 343	71.82	77.01	上部未采
五矿 8205	6.8	6.8	1 273	48.98	55.41	上部未采
五矿 8203	6.8	6.8	1 427	25.18	25.41	上部未采
一矿 81002	6.8	7.29	5 467	44.8	11.8	12 号煤层未采段
一矿 8702	6.8	6.5	2 186	29.27	19.28	12 号煤层刚采煤柱影响
一矿 8704	6.5	7.0	3 280	29.93	13.14	12 号煤层刚采煤柱影响
一矿 8705	6.8	7.0	3 499	31.25	12.86	12 号煤层刚采煤柱影响

工作面 （编号）	采高 /m	煤厚 /m	平均日产量 /t	绝对瓦斯涌出量 /(m³·min⁻¹)	相对瓦斯涌出量 /(m³·t⁻¹)	备　注
三矿 80906	6.0	6.0	2 714	37.82	20.07	12 号煤层未采段
三矿 80504	6.5	6.5	2 502	23.1	13.29	12 号煤层未采段

　　表 2-4 中所列综放工作面瓦斯涌出量较大。从五矿的几个工作面来看，上部未采时，15 号煤层在开采过程中瓦斯涌出量较大；从一矿及三矿的几个工作面来看，12 号煤层未开采和已开采的绝对瓦斯涌出量均达到 29 m³/min 以上。实际上一矿 8702、8704、8705 工作面上部 12 号煤层虽已开采，但由于接替较紧，煤柱影响范围占 60% 以上，上部邻近层瓦斯未得到充分释放，因而瓦斯量也较大。但总的来说，开采 15 号煤层的工作面，当上部 12 号煤层开采后，邻近层瓦斯得到充分释放，综放面绝对瓦斯涌出量不超过 5 m³/min；若上部未开采或已开采接替较紧，且有煤柱影响时，上邻近层瓦斯得不到充分释放，综放工作面瓦斯涌出量则接近或超过 30 m³/min。其中 12 号煤层未开采的综放工作面瓦斯涌出量要大得多。

　　经实测计算，综放工作面在高抽巷抽放前的绝对瓦斯涌出总量为 13.27～37.71 m³/min，其中本煤层瓦斯涌出量占 10% 左右，邻近瓦斯涌出量占 90% 左右，见表 2-5。

表 2-5　综放工作面抽放前瓦斯涌出量构成

工作面	本煤层		邻近层		绝对瓦斯 涌出总量 /(m³·min⁻¹)	开始抽放 距离/m
	涌出量 /(m³·min⁻¹)	百分比 /%	涌出量 /(m³·min⁻¹)	百分比 /%		
8107	2.43	10.4	20.89	89.6	23.32	37
8109	3.02	8	34.69	92	37.71	37.5
8110	2.26	8.6	24.01	91.4	26.27	38
8205	1.46	11	11.81	89	13.27	39
8211	1.99	11.2	15.74	88.8	17.73	35
8214	2.12	9.5	20.2	90.5	22.32	26.8

在高抽巷抽放上邻近层瓦斯的情况下,综放工作面的绝对瓦斯涌出总量为 43.94～71.82 m³/min,其中本煤层瓦斯涌出量仅占 4% 左右,邻近层瓦斯涌出量占 96% 左右,见表 2-6。

表 2-6 综放工作面抽放时瓦斯涌出量构成

| 工作面 | 本煤层 | | 邻近层 | | 其中抽放 | | 绝对瓦斯 |
	涌出量 /(m³·min⁻¹)	百分比 /%	涌出量 /(m³·min⁻¹)	百分比 /%	抽出量 /(m³·min⁻¹)	百分比 /%	涌出总量 /(m³·min⁻¹)
8107	2.43	3.6	64.66	96.4	59.93	89.3	67.09
8109	3.02	5.3	53.61	94.04	53.04	93.7	56.63
8110	2.26	4.8	44.4	95.2	39.89	85.5	46.66
8205	1.46	2.2	64.24	97.8	63.21	96.2	65.7
8211	1.99	2.8	69.83	97.2	58.85	81.9	71.82
8214	2.12	4.8	41.82	95.2	37.5	85.3	43.94

从以上分析可知,综放工作面的瓦斯涌出构成是以邻近层瓦斯涌出为主,占 90% 以上,而开采层瓦斯涌出所占比重则很小。

3) 综放工作面瓦斯涌出特征

综放开采的特点是厚煤层一次采全高,与其他采煤方法相比,综放面对围岩及上邻近层影响的范围及程度要大很多。模拟实验和有关实测数据表明:对于阳泉五矿采放高度达 6.8 m 的综放工作面,冒落带高度为 46.8 m 左右,约为采放高度的 7 倍。而相同条件下的分层开采工作面(采高 2.2 m),冒落高度只有 18 m 左右,仅约为综放面冒落高度的 38.5%。因此,综放工作面与一般的分层开采工作面相比,瓦斯涌出主要具有以下四个方面的特征:

(1) 工作面瓦斯涌出强度增大

阳泉五矿部分综放工作面瓦斯涌出量与相同条件下的分层开采工作面瓦斯涌出量的对比如表 2-7 所示。从表中可以看出,综放面的绝对瓦斯涌出量和相对瓦斯涌出量均成倍增加。分析其原因,是由于厚煤层一次采全高,影响范围扩大,提高了邻近层的瓦斯卸压程度,增加了邻近层的瓦斯涌出量。

表 2-7　综放面与分层开采工作面瓦斯涌出量对比表

工作面	采高/m	煤厚/m	平均日产量/t	相对量/(m³·t⁻¹)	绝对量/(m³·min⁻¹)
8204 综放	6.8	6.8	1 994	65.35	47.2
8202 综放	6.8	6.8	1 602	41.98	36.5
8202 高档	2.2	6.8	451	4.28	13.67
8101 综采	2.2	6.8	700	8.42	17.34

(2)局部瓦斯积聚加剧

在工作面上隅角及相邻的范围内瓦斯经常超限。放煤口、架间缝隙瓦斯浓度一般都在 2%～5%,有时会更大。U 型通风方式的工作面在不采取任何措施的情况下,上隅角瓦斯浓度经常超过 10%,给安全生产造成极大威胁。

(3)初采期瓦斯涌出增大

由阳泉五矿综放面的测定数据可以看出,在工作面从开切眼向前推进的过程中,10 m 以内的瓦斯涌出基本属于本煤层;10 m 以外时,邻近层瓦斯相继涌入回采空间;当工作面推进到 25～38 m 时,初采期瓦斯涌出量达到最大值,工作面绝对瓦斯涌出量最高达 108 m³/min。

(4)本煤层瓦斯涌出所占比例很小

综放工作面涌出的瓦斯绝大多数为邻近层涌出的瓦斯。根据前面的统计资料分析,邻近层瓦斯涌出量约占 90%,开采层瓦斯涌出量仅占 10% 左右。

2.2　综放工作面瓦斯抽放技术

2.2.1　综放工作面通风方式

阳泉矿区多年来根据各煤层的瓦斯涌出量以及开采方法等影响条件,对综放工作面的通风方式已有了较为统一的原则。低瓦斯采煤工作面均采用 U 型通风方式;高瓦斯采煤工作面采用"U+L"型外错尾巷通风方式和"U+I"型内错尾巷通风方式。其中 U 型通风方式是其基本方式。

阳泉矿区现各种瓦斯治理措施都是以 U 型通风方式为基础,其他治理措施主要是依据工作面及采空区瓦斯量的大小,考虑抽放及处理采空区或落山角瓦斯效果而变革的。15 号煤层综放开采初期,由于回风落山角瓦斯频繁超限,曾采取一些辅助措施治理回风落山角瓦斯,比如采用吊风帐引风稀释,架下吊挂小局扇送风至回风落山角稀释瓦斯等。后因效果不很明显,又曾在上部 12 号煤层已采的工作面采取层间调压法分流上邻近层瓦斯,并由上部 12 号煤层通风或抽放系统排出,控制上邻近层卸压瓦斯流向 15 号煤层工作面和采空区,从而解决 15 号煤层综采工作面回风落山角瓦斯频繁超限的问题。在上部 12 号煤层未采或已采的工作面,现主要布置尾巷和高抽巷来治理本煤层和上邻近层瓦斯。其主要布置形式有:

(1) U 型布置,瓦斯量大时上部裂隙带布置岩石高抽巷。

(2) "U+L"型布置,瓦斯量大时布置倾斜高抽巷或大直径钻孔,尾巷沿煤层顶板布置。

(3) "U+I"型布置,瓦斯量大时在上部裂隙带布置走向高抽巷,内错尾巷沿煤层顶板布置。

以"U 型通风方式+尾巷+高抽巷"是现今阳泉矿区开采 15 号煤层主要的瓦斯治理措施。这种布置方式优点在于高抽巷很好地抽出了上邻近层瓦斯,有效控制了上邻近层瓦斯向 15 号煤层工作面下行,同时内错尾巷或外错尾巷又分流一部分邻近层瓦斯和采空区遗煤及顶煤释放的瓦斯,有效解决了回风落山角瓦斯超限问题,使得工作面得以安全高效开采。因此,这种方法也在阳泉矿区得以推广。

综放面初采期间,由于老顶未垮落,裂隙不能通达高抽巷,高抽巷以下受到卸压的邻近层瓦斯大量涌向采场空间,一度对初采期的安全生产构成极大威胁,造成工作面推进速度缓慢,风量成倍增加。通过单纯的增加风量、吊风帐、下向钻孔、中低位后高抽巷等技术,现已逐渐发展成为与高抽巷相连接的后伪高抽巷处理初采瓦斯技术,有效缩短了初采期推进距离,并大大减少了初采期瓦斯超限次数。

表 2-8 综放工作面风排、抽放瓦斯情况

工作面编号	回风瓦斯量 /(m³·min⁻¹)	尾巷瓦斯量 /(m³·min⁻¹)	抽放瓦斯量 /(m³·min⁻¹)	绝对瓦斯量 /(m³·min⁻¹)	备注
一矿 81002	4.76	6.84	34	45.6	内错尾巷配走向高抽巷
一矿 8702	8.8	9.5	10.97	29.27	外错尾巷配倾斜高抽巷
一矿 8704	9.3	9.9	10.73	29.93	外错尾巷配倾斜高抽巷
一矿 8705	9.2	14.99	17.07	41.26	外错尾巷配倾斜高抽巷
三矿 80906	4.2		33.62	37.82	走向高抽巷
五矿 8108	1.56	5.76	48.69	56.01	外错尾巷配倾斜高抽巷
五矿 8108	1.93	4.13	25.23	31.29	外错尾巷配大直径钻孔
五矿 8214	6.44		37.5	43.94	走向高抽巷
五矿 8109	3.59		53.04	56.63	走向高抽巷
五矿 8107	7.56		59.53	67.09	走向高抽巷
五矿 8110	6.77		39.89	46.66	走向高抽巷
五矿 8211	12.97		58.85	71.82	走向高抽巷

2.2.2 综放工作面上邻近层瓦斯抽放

1)综放面上覆岩层活动规律

根据矿压原理及实测研究,煤层开采以后其上覆岩层在垂直方向的破坏和移动一般分为"三带",即垮落带(或称冒落带)、裂隙带和弯曲下沉带。

根据相似材料模拟实验及现场实际考察,阳泉矿区的近水平地层岩石"三带"可根据岩石冒落破坏、离层裂隙、松动卸压、弯曲下沉的规律进行计算,如图2-2所示。冒落高度与采高、岩石冒落后碎胀系数有关;离层裂隙与工作面推进距离和岩石冒落角(或垮落角)有关;卸压范围与卸压角有关。一般岩石卸压角大于岩石冒落角。阳泉矿区实测岩石卸压角为$69°\sim75°$,一般可取$72°$计算;弯曲下沉与最终下沉量和下沉衰减系数有关。

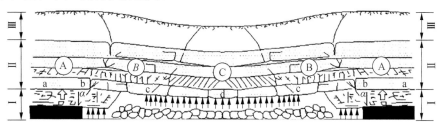

A—煤壁支撑影响区(a-b);B—离层区(b-c);C—重新压实区(c-d);α—支撑影响角
Ⅰ—冒落带;Ⅱ—裂隙带;Ⅲ—弯曲下沉带

图2-2 上覆岩层移动"竖三带"

2)综放工作面"三带"及"三期"

实际观测表明,工作面开采过后,在采空区内的冒落岩石破碎后,需经过三个阶段才能稳定下来。顶板初次冒落后,破碎岩石处于自然碎胀区;随着顶板岩石的不断冒落,破碎岩石开始承压,此过程为过渡承压区;随后,工作面推进到一定距离后采空区冒落岩石逐渐被压实,上覆岩层活动也开始逐渐稳定下来。

这一过程的三个阶段,对于顶板岩石活动来说是一个循环动态过程,从瓦斯涌出规律和抽放瓦斯效果来看,这三个阶段也可称为卸压开始期、卸压活跃期、卸压衰退期。

(1)顶板卸压开始期

根据邻近层瓦斯涌出规律及抽放情况可以确定,顶板卸压开始期为工作面前方5 m至工作面采过后采空区25 m范围。

根据计算,顶板卸压初始期冒落高度,自底板以上为$18.5\sim24.5$ m,约$2.7\sim3.6$倍采高。平均高度20 m,约3倍采高。

此时老顶离层活动开始加剧,冒落带与裂隙带分界特别明显,顶板裂隙高度达到 36.8 m 左右,布置在综放面顶板以上 30 m 左右的中位高抽巷在工作面推进过 21 m 时开始抽出瓦斯,推进 25 m 左右大量抽出瓦斯,说明该位置已卸压。而布置在综放面上 50～55 m 左右的走向高抽巷末端下倾段刚有瓦斯显现,说明在工作面上方 50～55 m 层位处还未卸压。

(2) 顶板卸压活跃期

计算的顶板卸压活跃期冒落高度为自底板以上 34～46.8 m,约 5～7 倍采高,平均约 6 倍采高。此阶段顶板活动呈周期性规律变化,且冒落过程中冒落带与裂隙带分界明显,中间有可见空间。

综放工作面采过 34 m 时,裂隙带高度可达 50～55 m,布置在此层位的走向高抽巷末端下倾段开始抽出瓦斯。当工作面采过 39 m 时,裂隙带高度达到 60 m 左右,布置在此层位的走向高抽巷抽出的瓦斯量有增大趋势。

(3) 顶板卸压衰退期

顶板卸压衰退期为采空区冒落岩石从开始被逐渐压实至压实区范围,根据顶板岩石活动情况,顶板岩石卸压衰退期为工作面采过 129 m 以后至充分压实带。

根据计算,顶板卸压衰退期冒落理论高度(或称充分离层高度)为 46.8～74.8 m。约 7～11 倍采高,平均 9 倍采高。实际此范围顶板冒落带与裂隙带已无明显分界,冒落岩层呈有序排列并无破坏性,主要表现为充分离层,水平通道连通性好,是抽放通道最佳层位。由于上部承压情况,岩层整体下沉,从走向及倾向方向做切面均呈中间低两侧高的马鞍状。如布置在综放面上部 60 m 左右的走向高抽巷,在工作面采过 129 m 后出现岩层同步下沉现象,凹处最大下沉量为 3.9 m,但并不完全破坏。此时裂隙带高度最大为 188 m。

在综放工作面推进过程中,顶板岩石活动呈周期性变化,最小步距为 12 m,最大约 39 m,平均为 24.3 m。卸压开始期、活跃期、衰退期也随工作面推进而前移。

2.2.3　走向高抽巷抽放上邻近层瓦斯

抽放邻近层瓦斯效果的好坏,高抽巷的层位选择非常重要,首先应考虑的因素是应处于邻近层密集区(或邻近层瓦斯涌出密集区),且该区位煤岩体裂隙发育,在抽放起作用时间内不易被岩层垮落所破坏。一般来讲,走向顶板岩石高抽巷布置太低,处于冒落带范围内,在综放工作面推进后很快即能抽出瓦斯,但也很快被岩石冒落所破坏与采空区沟通,抽放瓦斯为低浓度采空区瓦斯。如果布置层位太高,工作面采过后顶板卸压瓦斯大量涌向采场空间,高抽巷截流效果差,抽放不及时,即使能够抽出大量较高浓度的瓦斯,但对解决工作面瓦斯涌出超限问题效果较差,不能保证工作面生产安全。因此,走向高抽巷布置层位适当,既保证能大量抽出瓦斯,又能在工作面推进过后保持相当一段距离不被破坏,从而保证尽最大能力抽出邻近层瓦斯。

（1）排放范围

15号煤层上邻近层瓦斯排放范围,受层间距离、采高、工作面推进距离、岩石性质以及地质构造等因素的影响。排放效率为零时,绝对排放高度为187 m。由于上邻近层瓦斯排放是随时间的负相关函数,刚卸压时瓦斯排放量大,随着时间推移,排放量越来越小,完全排完需要数年的时间,且距离开采层越远的邻近层瓦斯排放所需的时间越长。而一个1 000 m走向长的工作面一般开采只需1年左右时间,因此,工作面上部最远距离邻近煤层瓦斯排放率为20%～30%时,工作面基本上就已采完。因此,顶板走向岩石高抽巷的位置应在工作面顶板冒落带以上130 m范围内。

（2）冒落高度

15号煤层开采后,采场上部岩层产生离层裂隙,当采场空间达到一定面积后,离层部分岩石开始垮落,首先是伪顶,然后是直接顶,再是老顶呈周期性冒落。工作面采过一定距离后,采空区后部顶板活动趋于平缓,破碎岩石逐渐被压实,顶板缓慢下沉。根据矿压观测,相似模型模拟实验及打钻观测等研究表明:当工作面推进129 m后顶板活动开始变缓;当工作面推进150 m后,采空区压实区形成,且压实区随工作面推进而前移。在工作面和压实区150 m范围内顶板存在分带性,即垮落带、裂隙带、弯曲下沉带。垮落带高度随工作面推进距离增大而增加,当工作面推过 25～129 m 时,垮落带高度达到 34～46.8 m,约为采高的 5～7 倍。根据理论计算,综放工作面理论冒落高度可达 74.8 m,但实际上冒落高度超过 46.8 m 后,上部冒落岩石呈有序排列,为离层裂隙高度,岩石破坏性差,破碎度低。

(3) 高抽巷位置选择

抽放综放面上邻近层瓦斯的高抽巷在选择位置时,从保证效果出发,应选择在邻近层瓦斯涌出密集区,且满足工作面采过后不会很快被破坏,处于有效瓦斯排放范围内。因此,高抽巷的适宜位置应选择在裂隙带中下部(即底板以上 7～11 倍采高范围)邻近层较密集层位。同时考虑到掘进成巷与维护方便等因素,从阳泉矿区煤系地层看,对于高抽巷的位置选择,9 号下、10 号煤层中是最理想的层位,该层位位于邻近层 8 号、9 号上、9 号下、10 号、11 号和 K_4 灰岩瓦斯涌出密集区。距 15 号煤层顶板 50～70 m,约为 7～10 倍采高,处于冒落带上部充分离层层位。这一层位岩石离层充分,水平通道连通性好,是最佳抽放通道布置层位。考虑到高抽巷不被破坏,高抽巷布置时应超过破坏冒落高度 1～1.5 倍采高,因此,合理布置层位为自底板以上 54～74.8 m,自顶板以上 47～68 m,约 7～10 倍采高层位。

表 2-9 为阳泉矿区已采的综放工作面的顶板岩石走向高抽巷的抽放布置参数和抽放效果。走向高抽巷布置层位与综放工作面抽放率和高抽巷抽放浓度关系很大。布置层位合理,抽放率高,抽放浓度高;布置层位低,抽放率低,抽放浓度低,会造成风排瓦斯困难。

表 2-9 顶板岩石走向高抽巷的布置参数和抽放效果

工作面编号	高抽巷距开切巷距离	高抽巷所在层位	距 15 号煤层距离 /m	工作面平均瓦斯涌出量 /(m³·min⁻¹)	平均抽出瓦斯量		
					始抽距离 /m	抽放瓦斯量 /(m³·min⁻¹)	抽放率 /%
8204	+350	9 号下层	60	65.35	38	60.64	92.79
8203	-20	9～12 号下层	60～50	25.18	34	21.74	86.34
8205	+60	9 号下层	60	48.98	39	45.6	93.1
8109	-20	9 号下层	60	51.17	37.5	46.49	90.85

续表

工作面编号	高抽巷距开切巷距离	高抽巷所在层位	距15号煤层距离/m	工作面平均瓦斯涌出量/(m³·min⁻¹)	平均抽出瓦斯量		
					始抽距离/m	抽放瓦斯量/(m³·min⁻¹)	抽放率/%
8107	+10	9号下层	60	55.56	37	49.4	88.91
8110	0	9号下层	60	38.9	38	34.62	89
8111	−7	9~12号下层	60~50	45.11	33.5	41.62	92.26
8114	−7	9~12号下层	60~50	56.86	31.5	53.13	93.44
81002	−5	12号	40	44.8	30	33.7	75.22
80906	+10	12号上层	40	21.03	35	17.1	81.31

2.2.4　倾斜高抽巷抽放上邻近层瓦斯

1）倾斜高抽巷的特点

采用走向高抽巷抽放邻近层瓦斯是阳泉矿区直接开采15号煤层工作面常用的瓦斯抽放方法。但为了解决15号煤层在地质构造带和上邻近层已经开采的条件下工作面正常开采期间的瓦斯抽放问题,还常采用倾斜高抽巷的方法抽放瓦斯。

倾斜式顶板岩石抽放巷道是与工作面采煤线平行,在尾巷沿工作面倾斜方向向工作面上方爬坡至抽放层后,再打一段平巷抽放上邻近层瓦斯。倾斜高抽巷抽放上邻近层瓦斯,工作面应采用"U+L"型通风方式。倾斜高抽巷抽放瓦斯的巷道数量可根据抽放巷道有效抽放距离和工作面开采走向长度确定,以适应工作面上邻近抽放层地质条件的变化。阳泉一矿的15号煤层综放工作面由于上邻近层12号煤层已经开采,上覆岩层受到破坏,无法布置走向高抽巷,则在12号煤层的遗留煤柱中布置倾斜高抽巷抽放15号煤层的上邻近层瓦斯。

倾斜高抽巷抽放上邻近层瓦斯方法与钻孔法相比,在抽放效果上有如下特点:

(1)巷道开凿时可以避免因顶板冒落而出现的岩层破坏带,可以以曲线方式进入抽放层,能减少空气的漏入,防止被错动岩石层切断而堵实,达到连续抽放瓦斯的目的。

(2)巷道是开在邻近层内的,比钻孔穿过煤层揭露面积要大,有利于引导煤层卸压瓦斯进入抽放系统。

（3）巷道比钻孔的通道面积大，可以减少阻力，便于瓦斯流动。

2）倾斜高抽巷的合理参数

（1）倾斜高抽巷的垂距

倾斜高抽巷的垂距是指开采煤层与倾斜高抽巷水平段巷道的垂直距离，即高抽巷距抽放层的高度。在选择抽放层位时主要依据上覆岩层的"三带"分布（高抽巷的水平部分要布置在裂隙带的中下部）。根据 8203 工作面实测和理论计算，在上邻近层未采的情况下，距离综放开采 15 号煤层 50～60 m，正处于裂隙带的中下部，是抽放瓦斯的较佳高度。在 8108 工作面，共打 4 条高抽巷，1 号高抽巷打到 11 号煤层，垂高 60 m，最大抽放量达到 70.59 m^3/min，平均抽放量为 35.08 m^3/min，平均抽放率为 74.03%。其余 3 条高抽巷都打到 12 号煤层，垂高 50 m，3 号倾斜高抽巷最大抽放量为 40.29 m^3/min，平均抽放量为 26.38 m^3/min，平均抽放率为 65.74%。

从高抽巷的抽放率分析得出：8108 工作面倾斜高抽巷，布置在 11 号煤层的高抽巷抽放量和抽放率较高，布置在 12 号煤层的高抽巷抽放量和抽放率较差。

五矿的倾斜高抽巷布置研究结果表明，抽放巷道垂距为 50～70 m 时，采空区漏风比较少，抽放瓦斯浓度和抽放瓦斯效果最佳。

根据综放工作面上覆岩层活动规律研究可知，抽放瓦斯通道最合理的层位为距开采层底板以上 46.8～74.8 m 范围（即破坏冒落带以上至充分离层带上限范围）。该层位离层充分，水平通道连通性好，截流效果理想，且抽放通道一般不易被破坏。

（2）倾斜高抽巷的出煤柱高度及巷道倾角

倾斜高抽巷的合理出煤柱高度是指工作面回风巷外边缘煤柱上方距倾斜高抽巷的倾斜部分的垂直距离。这个参数如果太大，则巷道倾角较大，施工困难；如果太小，受采动影响可能造成切巷现象，与采空区沟通，抽放浓度难以保证，巷道有可能报废。在阳泉矿区可以按照卸压角为 69°～75°计算倾斜高抽巷的出煤柱高度以保证倾斜高抽巷倾斜部分不穿过冒落带。

2.3   本章小结

（1）工作面开采煤层过后会产生巨大的采空区，采空区顶板的冒落引发了上覆岩层移动和变形，最终岩层内部达到新的应力平衡。距离煤层较近的覆岩区域出现冒落现象，形成了垮落带；垮落带以上至靠近地表的岩层为裂隙带和弯曲下沉带。垮落带、裂隙带和弯曲下沉带，即采空区"上三带"。

（2）阳泉矿区多年来根据各煤层的瓦斯涌出量以及开采方法等影响条件，对综放工作面的通风方式已有了较为统一的原则。

3 卸压瓦斯储运与采场围岩裂隙演化关系

　　煤层与围岩属于孔隙-裂隙结构体,不同的煤层与岩层的孔隙、裂隙尺寸、结构形式以及发育程度的差别是很大的。围岩裂隙演化是动态变化的,孔隙与裂隙的闭合程度对地应力的作用很敏感,当地应力增高时,其闭合程度增大,透气性变小,而当地应力降低时,裂隙伸张,透气性比原始煤层透气性增大。因此,煤层采动后瓦斯流动通路比原来通畅。

3.1　煤层微孔隙性与瓦斯储运关系

3.1.1　煤层微孔隙性研究

　　煤作为一种复杂的多孔型固体的观点早已为人们所接受。长期以来,由于煤矿安全的需要,专家们一直都在致力于煤孔隙的研究,并提出过一些有关煤孔隙性的理论和模型。但由于实验条件的约束,人们在过去的年代仅仅做些煤孔隙率方面的测试,很少能了解到有关煤孔隙性方面的内容(孔隙体积、孔隙分布状态、孔隙结构和孔隙压力等)。近年来,随着高精度压汞仪的问世,人们已逐渐认识到各类煤孔隙半径大于 375 nm 数量级的孔隙特征。

　　煤的孔隙特征是决定煤中瓦斯吸附、渗透和强度性能的主要因素,采用压汞法可测定孔隙半径为 375 nm $\sim$ 7.5$\times$10^6 nm 区间内所有孔隙的特征参数。这一孔隙半径段对于煤层气体的运移、抽放以及瓦斯突出均有着极为重要的意义。而埋藏于地下的煤层,由于巨大的地层压力等因素致使煤层中大尺寸的裂隙处于一种准封闭状态,气体的一切运动大都发生在更小数量级的孔隙中,因此由压汞仪所测得的孔隙特征更为重要。

研究认为:重力和构造应力制约着煤孔隙结构的建立,但两者所引起的作用各不相同。重力因素,主要参与微孔结构——吸附容积;构造应力因素,主要参与建立煤的大孔结构——渗透容积。因此,煤的孔隙率大小除与煤的重力有关外,还与其遭到地质构造的破坏程度有关。已有研究表明:构造破坏越强烈的煤,其实验测定的孔隙率也越大;但当煤层处于较大采深和地质构造复杂地区附近时,由于上覆岩层压力和构造应力较大,裂隙和大孔隙闭合,其孔隙率将会变小,煤层透气性变差。

3.1.2 煤层微孔隙性分类及与瓦斯储运关系

煤孔隙分类方法采用 1966 年霍多特分类方法:

微孔——其孔径小于 10 nm,它构成煤中的吸附容积,微孔容积占总孔隙体积的比例越大,瓦斯越易于储存;

小孔——其孔径为 10~100 nm,它构成毛细管凝结和瓦斯扩散空间;

中孔——其孔径为 100~1 000 nm,它构成缓慢的层流渗透区间;

大孔——其孔径为 1 000~10^5 nm,它构成强烈的层流渗透区间,并决定了具有强烈破坏结构煤的破坏面;

可见孔及裂隙——其直径大于 10^5 nm,它构成层流及紊流混合渗透的区间,并决定了煤的宏观(硬和中硬煤)破坏面。

一般情况下,把小孔至可见孔的孔隙体积之和称为渗流容积;把直径小于 10 nm 的微孔称为吸附容积;把吸附容积与渗透容积之和称为总孔隙体积;微孔容积占总孔隙体积的比例越大,瓦斯越易于储存。把煤的总孔隙体积占相应煤的体积的百分比称为煤的孔隙率,以"%"表示。研究表明,煤对瓦斯的吸附作用,在一定瓦斯压力下是物理吸附。与煤层瓦斯流动规律相同,煤吸附瓦斯气体的过程也是一个渗流—扩散的过程。在大的孔隙系统中,由瓦斯压力梯度引起渗流;在微孔隙系统中,由瓦斯浓度梯度引起扩散;瓦斯气体分子向煤体深部进行渗流—扩散直到达到吸附平衡为止。可见孔、大孔、中孔和小孔属于瓦斯扩散和瓦斯缓慢渗透流动的空间,而微孔是吸附瓦斯主要存在的空间。

3.2 采动卸压瓦斯储运特性

3.2.1 瓦斯的扩散运动

瓦斯气体从煤块表面和原生孔隙进入裂隙网络系统的输运是扩散过程,它遵从 Fick 定律。

考虑相互接触的两种不同环境下、不同状态的瓦斯气体,若界面张力为零,由于分子存在着依赖于绝对温度的随机运动,一种状态下的瓦斯有一些分子越过界面进入另一种状态下的瓦斯气体,这种过程不断进行直至形成两种流体的均匀混合。这种传质过程称为"分子扩散"。设混合物中一种组分相对于混合物的质量平均速度为 u,组分 $i(i=1,2)$ 的粒子速度为 v_i,则 $v_i - v_a$ 称为组分 f 的扩散速度。

设流体混合物体积为 V,质量为 m,其中,两种状态下的瓦斯气体质量分别为 m_1 和 m_2,则第 i 种组分的相对(质量)浓度 c_i 定义为 $c_i = \dfrac{m_i}{V}$,于是组分 i 的扩散能量 $J_i[\text{kg}/(\text{m}^2 \cdot \text{s})]$ 定义为

$$J_i = c_i(v_i - v_a) \tag{3-1}$$

由以上描述可知:分子的扩散速度与相对浓度 c_i 密切相关。也就是单位时间内跨过单位面积的气体质量(刚扩散通量)与浓度梯度成正比,即

$$\frac{1}{A}\frac{\mathrm{d}m_i}{\mathrm{d}t} = -D'\frac{\partial c_i}{\partial x} \tag{3-2}$$

式(3-2)是 Fick 扩散定律的一种表达形式。式中,$D'(\text{m}^2/\text{s})$ 称为质量扩散系数,A 是截面积,$\mathrm{d}m/A\mathrm{d}t$ 就是扩散能量 J。将式(3-1)与式(3-2)相比较,对于多维空间,扩散速度为

$$(v_i - v_a) = -\frac{D'}{c_i}\nabla c_i \tag{3-3}$$

或

$$J_i = -D'\nabla c_i \tag{3-4}$$

对于作为整体的流动体系而言,如果考虑流体向各空间维度的扩散特性相同,则可将下标 i 去掉,即得 Fick 定律的第一扩散定律通式

$$(v-v_a)=-\frac{D'}{c}\nabla c \tag{3-5}$$

对于流体在宏观上为静止的情形,质量平均速度 $v_a=0$,则扩散速度 v 或扩散流量 Q_x 为

$$v=-\frac{D'}{c}\nabla c,Q_x=-\frac{ARD'T_x}{Mp_xZ}\nabla c \tag{3-6}$$

其中,R 为普适气体常数,M 是气体分子量,A 是面积,$-D'\nabla c$ 为扩散通量 J。

$$J=-D'\nabla c \tag{3-7}$$

根据质量守恒方程和连续性方程,并用于组分 i 的热运动有

$$\frac{\partial(\rho_i\varphi)}{\partial t}+\nabla\cdot(\rho_i\varphi v_i)=\rho_i q \tag{3-8}$$

其中,q 是源汇强度,ρ_i 是密度。若不存在源汇,此处的密度 ρ_i 可用 c_i 代替,则得

$$\frac{\partial(c_i\varphi)}{\partial t}+\nabla(c_i\varphi v_a)=\nabla\cdot(D'\nabla c_i) \tag{3-9}$$

对于整体网络流通系统而言,如果考虑流体向各空间维度的扩散特性相同,则可将下标 i 去掉,则得

$$\frac{\partial(c\varphi)}{\partial t}+\nabla(c\varphi v_a)=\nabla\cdot(D'\nabla c) \tag{3-10}$$

式(3-10)是 Fick 第二扩散定律的普遍形式。对于流动系统宏观为静止的情形,$v_a=0$,并设孔隙度 φ 与时间 t 无关,即岩层相对稳定很长一段时间内孔隙度 φ 不变,则得

$$\varphi\frac{\partial c}{\partial t}=\nabla\cdot(D'\nabla c) \tag{3-11}$$

对于平面径向(一维空间)和球形径向(多维空间)扩散运动,式(3-11)可分别写成

$$\varphi\frac{\partial c}{\partial t}=\frac{1}{r}\frac{\partial}{\partial r}\left(rD'\frac{\partial c}{\partial r}\right) \tag{3-12}$$

$$\varphi\frac{\partial c}{\partial t}=\frac{1}{r^2}\frac{\partial}{\partial r}\left(r^2D'\frac{\partial c}{\partial r}\right) \tag{3-13}$$

令式(3-11)中 $D'/\varphi=D$,则得多孔介质中分子扩散的 Fick 第二定律

$$\frac{\partial c}{\partial t}=\nabla \cdot (D\nabla c) \tag{3-14}$$

其中,D 是多孔介质中质量扩散系数,单位与 D' 相同(m^2/s)。若扩散系数 D 与空间位置无关,则上式可写成

$$\frac{\partial c}{\partial t}=D\nabla^2 c \tag{3-15}$$

或平面径向:

$$\frac{\partial c}{\partial t}=\frac{D}{r}\frac{\partial}{\partial r}\left(r\frac{\partial c}{\partial r}\right) \tag{3-16}$$

球形径向:

$$\frac{\partial c}{\partial t}=\frac{D}{r^2}\frac{\partial}{\partial r}\left(r^2\frac{\partial c}{\partial r}\right) \tag{3-17}$$

3.2.2 煤层瓦斯运输的数学模型

如前所述,从煤层解吸出来的瓦斯通过扩散由微孔隙进入裂缝流动网络,再由裂缝进入采掘空间。因此,需要对微孔中和裂缝中瓦斯的输运分别进行讨论。

(1)微孔隙中气体的输运

一般情况下,认为微孔隙中只有单相气体扩散。这种扩散可分为非稳态和拟稳态两种模式。非稳态扩散遵从 Fick 第二扩散定律;拟稳态扩散遵从 Fick 第一扩散定律。

① 非稳态扩散。基质煤块中总的气体浓度由微孔中所含的游离气体和表面吸附的气体两部分构成。现在定义浓度为每立方米煤体中所含气体质量的千克数,气体密度是每立方米孔隙空间中所含的气体质量的千克数,则游离气体的浓度就等于气体密度与微孔隙度 φ_m 的乘积,即

$$c_1=\rho_i\varphi_m=\frac{Mp_m\varphi_m}{RTZ} \tag{3-18}$$

其中,ρ 是游离气体密度,c_1 是基于整体体积的游离气体浓度。第二个等号是利用了气体的状态方程,Z 是气体的偏差因子。

根据 Langmuir 方程不考虑煤体中的水分等因素的影响,每立方米煤体所吸附

的气体质量为 $V_{\infty} p_m/(p_L+p_m)$，即吸附气体密度 c_2 为

$$c_2=\frac{V_{\infty} p_{\infty}}{p_L+p_m} \tag{3-19}$$

其中，V_{∞} 就是极限吸附量，只是其单位用每立方米煤体所含气体千克数表示，表示基质煤块中的量，所以基质煤块中基于整体体积的总浓度 $c_m=c_1+c_2$ 为

$$c_m=\frac{Mp_m\varphi_m}{RTZ}+\frac{V_{\infty} p_m}{p_L+p_m} \tag{3-20}$$

在推导 Fick 定律时，其中的浓度 c 是基于孔隙空间体积定义的。很显然，对于基质煤块整体体积定义的浓度 c_m，Fick 定律同样成立。将式(3-20)代入式(3-14)得孔隙中压力 p_m 的方程为

$$\frac{\partial}{\partial t}\left(\frac{M\varphi_m p_m}{RTZ}+\frac{V_{\infty} p_m}{p_L+p_m}\right)=\nabla \cdot \left[D_m \nabla \left(\frac{M\varphi_m p_m}{RTZ}+\frac{V_{\infty} p_m}{p_L+p_m}\right)\right] \tag{3-21}$$

对于圆柱形和圆球形的基质煤块，上式可改写成

$$\frac{\partial}{\partial t}\left(\frac{M\varphi_m p_m}{RTZ}+\frac{V_{\infty} p_m}{p_L+p_m}\right)=\frac{1}{r^2}\frac{\partial}{\partial r} \cdot \left[r^2 D_m \frac{\partial}{\partial r}\left(\frac{M\varphi_m p_m}{RTZ}+\frac{V_m p_m}{RTZ}+\frac{V_m p_m}{p_L+p_m}\right)\right]$$

$$\tag{3-22}$$

式中，R 是基质煤块内径向坐标，r 小于基质标准内径 r_1。

② 拟稳态扩散。拟稳态扩散基于 Fick 第一定律，见式(3-5)。认为总浓度 c_m 对时间的变化率与差值 c_m-c_2 成正比，即

$$\frac{\mathrm{d}c_m}{\mathrm{d}t}=D_m F_s(c_m-c_2) \tag{3-23}$$

其中，F_s 是基质煤块形状因子，单位为 $1/m^3$。基质煤块流出的气体流量等于浓度变化率乘几何因子 G，即

$$q_m=-G\frac{\mathrm{d}c_m}{\mathrm{d}t} \tag{3-24}$$

(2) 瓦斯在裂隙中的输运

对于裂隙网络系统中瓦斯气体的运移，由于基质煤块中不断有气体扩散进入裂隙，在连续性方程中这是一个连续源分布。若煤岩层中某些点 r_i 有煤层瓦斯抽放设施，抽放瓦斯量 Q_i，则在连续方程中有点汇，于是裂隙中瓦斯流动质量守恒方程为

$$\frac{\partial}{\partial t}(\varphi_f s_{fg} \rho_{fg}) = -\nabla \cdot (\rho_{fg} V_{fg}) + q_m - \rho_{fg} \sum Q_i \delta(r - r_i) \qquad (3-25)$$

其中,$q_m[\mathrm{kg/(m^3 \cdot s)}]$ 是瓦斯气体质量源。右端最后一项是汇源。下标 f 和 g 分别代表裂缝和气体。s 是饱和度。速度 V_{fg} 由两部分组成:一是宏观渗流速度,相当于混合物中一种组分相对于混合物的质量平均速度为 v_a,它遵从 Darcy 定律。二是裂缝中气体扩散速度,它遵从 Fick 定律,由式(3-4)给出。

$$V_{fg} = -\left(\frac{K_g}{\mu_g}\nabla p_{fg} + \frac{D_f}{c_f}\nabla c_f\right) \qquad (3-26)$$

其中,$D_f(\mathrm{m^2/s})$ 是裂缝中气体扩散系数,c_f 是裂缝中气体浓度。

将式(3-25)中密度 ρ_{fg} 和式(3-26)中 $\nabla c_f/c_f$ 分别用压力 p_f 表示,根据气体状态方程即有

$$\rho_{fg} = \frac{M}{RT}\left(\frac{p_{fg}}{Z}\right) \qquad (3-27)$$

$$\frac{\nabla c_f}{c_f} = \frac{\nabla\left(s_{fg}\dfrac{Mp_{fg}}{RTZ}\right)}{s_{fg}\dfrac{Mp_{fg}}{RTZ}} \qquad (3-28)$$

对于等温情形

$$\frac{\nabla c_f}{c_f} = \frac{\nabla\left(\dfrac{s_{fg}p_{fg}}{Z}\right)}{\dfrac{s_{fg}p_{fg}}{Z}} \qquad (3-29)$$

将式(3-26)～式(3-28)代入式(3-25),可得

$$\frac{\partial}{\partial t}\left(\frac{\varphi_f s_{fg} p_{fg}}{Z}\right) = \nabla \cdot \left[\frac{p_{fg}}{Z}\frac{s_{fg}}{\mu}\nabla p_{fg} + \frac{D_f}{s_{fg}}\nabla\left(\frac{s_{fg}p_{fg}}{Z}\right)\right] + \frac{RT}{M}q_m -$$

$$\frac{p_{fg}}{Z}\sum \in Q_i\delta(r - r_1) \qquad (3-30)$$

3.2.3 瓦斯在围岩裂隙中的升浮-扩散现象

综放面围岩瓦斯在空气中存在的状态是具有上升运动的趋势,并会飘浮在采动裂隙带上部,它包含两个过程:一是空气中存在局部的瓦斯或高浓度瓦斯的不均衡聚集,由于与其周围环境气体存在密度差而升浮;二是混入空气中的瓦斯分子在

其本身浓度(或密度)梯度作用下的扩散。来自本煤层或邻近层的瓦斯,其涌出的不均衡性和综放支架上方煤岩体的局部聚集,会在浮力作用下沿采动裂隙带裂隙通道上升,上升过程中不断掺入周围气体(包括漏风及少量围岩体涌出的瓦斯)使涌出源瓦斯与环境气体的密度差逐渐减小,直到密度差为零,混合气体则会聚集在裂隙带上部的离层裂隙内。瓦斯升浮高度与本煤层和邻近层瓦斯含量及涌出强度成正比关系。混入矿井空气中的瓦斯,在其浓度梯度作用下引起普通扩散,一般由于空气的重力产生方向向下的压强梯度,则由其产生的扩散流方向,将与压强梯度反向,即瓦斯气体具有向上扩散的趋势。这样,从理论上解释了裂隙带是瓦斯聚集带,并为覆岩采动裂隙带内钻孔抽放、巷道排放等治理瓦斯技术措施提供科学依据。

煤层采动后,上覆岩层内破断裂隙和离层互相沟通,同时,煤岩体内裂隙还会与采场和采空区沟通,即存在煤岩体内及采空区中新鲜风流与瓦斯同时流动现象。

由于采空区上覆岩层中采动裂隙的存在,为采空区瓦斯储集提供了空间。一般情况下,矿井空气中若有瓦斯气体存在,瓦斯就会升浮而飘浮在较上部的层面上。采空区遗煤析出的瓦斯会沿顶板破断裂隙向上部离层裂隙区运移。瓦斯升浮,即瓦斯在采空区、工作面或裂隙带内的向上运动。造成这种运动的条件主要有两个:一是瓦斯密度比周围气体介质的密度小,而产生一种升力;二是裂隙通道或漏风通道两端有压差,使瓦斯具有了沿通道流动的动力。由于条件一的存在,瓦斯升浮,这种运动符合气体的浮力定律。而满足条件二,瓦斯升浮,其运动符合多孔介质流体流动的渗流阻力定律。

上行通风的工作面,来自采空区遗煤析出的瓦斯运动轨迹如图 3-1 所示。

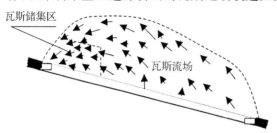

瓦斯储集区

瓦斯流场

图 3-1　本煤层的采空区瓦斯流动图

从图 3-1 可见,对于上行通风的 U 型工作面上隅角瓦斯超限的原因主要有两点:一是来自煤层的瓦斯,聚集到采场空间,在通风动力的作用下,最后随风流动到工作面上隅角;二是工作面的供风量不足。

从开采煤层底板到采空区的顶部,所有裂隙通达之处,便构成了采空区气体的流动空间。在流动空间内,由于冒落带与裂隙带的透气性不同,渗流速度和流态差别较大。在层流区内瓦斯呈上浮特性,特别是采空区深部高浓度瓦斯向工作面上隅角运移时,这种上浮特性尤为明显;在冒落带及工作面,采空区漏风通道畅通,气体进入过渡流和紊流区,瓦斯与空气混合移动;在冒落带以上及离工作面较远的压实区,瓦斯气体呈上浮分层现象。

3.3 综放面覆岩层移动模型及孔隙、裂隙研究

3.3.1 裂隙带和弯曲变形带岩层移动数学模型

工作面开采煤层过后会产生巨大的采空区,采空区顶板的冒落引发了上覆岩层移动和变形,最终岩层内部达到新的应力平衡。距离煤层较近的覆岩区域出现冒落现象,形成了垮落带,垮落带以上至靠近地表的岩层为裂隙带和弯曲下沉带,即采空区"上三带"。其中可将裂隙带和弯曲下沉带区域内的岩层看作是连续的岩层,其移动变形也可以近似地看作是一个连续的应力重新分布的过程。地下岩层的移动对采空区瓦斯抽放系统的抽采效果、地表水体迁移及地下岩层本身的结构都有着重要的影响。

长期的理论研究和生产实践表明,上覆岩层移动是一个非常复杂的运动过程。通过现场观测研究以及理论分析沉陷的传递过程,发现地表沉陷和上覆岩层移动之间存在一种必然的联系,具体表现为二者在空间上的对应性和在时间上的接续性。影响函数法通常用来研究地表沉陷,是介于经验方法和理论方法之间的一种方法,该方法最先由波兰学者李特维尼申(J. Litwiniszyn)提出,具有坚实的数学理论基础,我国学者刘宝琛、廖国华又进行了补充、完善,提升了该方法的适用性。鉴于地表沉陷和覆岩移动之间的联系,其也可以用来研究上覆岩层的移动规律。

影响函数法基本原理如图 3-2 所示,假设地下某一单元煤层被开采后形成采空单元,采空单元上方的地表会产生不同的沉陷,并沿着不同的方向扩展。对于水平或者近水平煤层来说,位于采空区正中央的地表受到的采动影响最大,产生的沉陷也最大,如图中的 O 点;越远离采空区,地表沉陷越小。同理,该采空单元对不同覆岩产生的影响分布也可以用对地表沉陷影响的密度函数来表示。通常在三维坐标系中,影响函数法的分布近似于图 3-2 中的倒钟形。

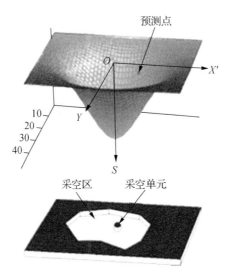

图 3-2　采空单元影响函数分布图

通过将煤层沿走向分为无穷多个无限小的单元,分析任一单元煤体开采后对地表的沉陷影响。若同样用分布函数来表示沉陷影响在岩层上分布的密度,即得到岩层移动影响分布函数。在二维直角坐标系中,采空单元在地表水平上的采动(水平、竖直)影响分布函数可以用式(3-31)和式(3-32)来表示。

$$f_u(x') = \frac{2\pi m \cdot a}{Rh} x' e^{-\pi \left(\frac{x'}{R}\right)^2} \qquad (3-31)$$

$$f_s(x') = \frac{m \cdot a}{R} e^{-\pi \left(\frac{x'}{R}\right)^2} \qquad (3-32)$$

式中:

　　a——下沉系数(无量纲);

　　R——主要影响半径(m);

　　x'——采空单元到预测点的水平距离(m);

　　m——采高(m);

　　h——采深(m)。

将式(3-31)、式(3-32)两式积分即可得到地表上任一点 x 的水平位移和竖直位移的表达式,见式(3-33)、式(3-34)。

$$U(x) = \frac{2\pi m \cdot a}{Rh} \int_{d-x}^{W-d-x} x' e^{-\pi \left(\frac{x'}{R}\right)^2} \mathrm{d}x' \qquad (3-33)$$

$$S(x) = \frac{m \cdot a}{R} \int_{d-x}^{W-d-x} \mathrm{e}^{-\pi \left(\frac{x'}{R}\right)^2} \mathrm{d}x' \qquad (3-34)$$

式中：

d——拐点偏移距离(m)；

W——采空区走向长度(m)。

因为地表和上覆岩层在沉陷过程中在空间、时间上具有的对应性和连续性,可以认为影响函数法同样可以用来建立连续岩层的移动变形模型,适合于研究裂隙带和弯曲下沉带内岩层弯曲变形,以及工作面推进初期所有上覆岩层均未发生破断时的岩层弯曲变形规律。

地表沉陷预测模型是关于自变量 x(沉陷预测点到采空单元水平距离)的一元函数,可以通过增加变量 z_i(沉陷预测点所处岩层距开采煤层垂直距离)来将原始地表沉陷预测模型改造为可以用来研究采空区覆岩移动规律的上覆岩层移动模型。现将建立该模型的具体步骤及计算原理分析如下:

收集采空区所属采区的地质柱状图,一般依据地质柱状图将上覆岩层分为若干有限层,分别标号1到 n,煤层采厚为 m,采深为 h,走向长度为 W,假设预测点 o' 坐标为 (x, z_i),如图3-3所示。

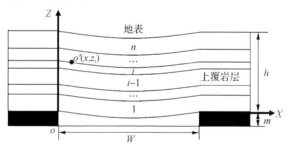

图3-3 上覆岩层分层示意图

定义采空区对岩层产生的水平、竖直移动的影响分布函数,以第 i 层岩层为例。在二维直角坐标系中,o 点为开切眼,位于下沉盆地的最左侧,煤层沿走向开采。任意选定第 i 层岩层上一点 o' 作为预测点,通过分析采空区单元对该岩层的影响分布函数可知,采空单元距离预测点 o' 越近,对其产生的下沉影响越大。如图3-4中3条曲线从左到右分别对应三个采空单元 $\mathrm{d}x_1$、$\mathrm{d}x_2$、$\mathrm{d}x_3$ 对 o' 点产生的沉陷影响。其中,采空单元 $\mathrm{d}x_2$ 距 o' 点最近,因此 o' 点受此采空单元的沉陷影响值

c 最大；采空单元 dx_3 距 o' 点较远，受到其产生的沉陷影响值 a 也相对较小。因此，o' 点最终的下沉位移就可以看作是所有采空单元对它沉陷影响贡献的总和，即 $a+b+c$。对 o' 点有沉陷影响的采空单元有无限多个，这就需要引入极限的思想来求取采空区对覆岩移动的叠加，即需要引入微积分的理论和思想。相似的，参照采空区相对地表的沉陷影响分布函数，则采空区单元对岩层沿走向方向的水平、竖直方向的影响分布函数为式(3-35)、式(3-36)：

$$f_u(x', z_i) = 2\pi \frac{m \times a_i}{R_i z_i} x' e^{-\pi(\frac{x'}{R_i})^2} \tag{3-35}$$

$$f_s(x', z_i) = \frac{m \times a_i}{R_i} e^{-\pi(\frac{x'}{R_i})^2} \tag{3-36}$$

式中：

  R_i——岩层主要影响半径(m)；

  z_i——岩层距离煤层顶板的垂直距离(m)；

  x'——沉陷影响单元到被影响点之间的水平距离(m)；

  a_i——岩层下沉系数(无量纲)，当 $i=1$ 时，$a_i=1$；

  m——煤层采厚(m)。

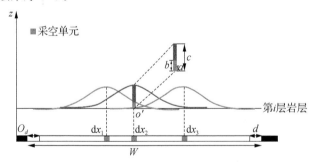

图 3-4　不同采空单元对同一岩层的沉陷影响分布曲线图

在合适的水平区间内对水平、竖直影响函数法进行积分即可得到岩层最终的水平位移和下沉量，如式(3-37)、式(3-38)。

$$U(x, z_i) = 2\pi \frac{m \times a_i}{R_i z_i} \int_{d_i-x}^{W-d_i-x} x' e^{-\pi(\frac{x'}{R_i})^2} dx' \tag{3-37}$$

$$S(x, z_i) = \frac{m \times a_i}{R_i} \int_{d_i-x}^{W-d_i-x} e^{-\pi(\frac{x'}{R_i})^2} dx' \tag{3-38}$$

从式(3-37)、式(3-38)中不难看出,影响沉陷、水平移动计算精度的三个关键参数为第 i 层岩层的下沉系数 a、主要影响半径 R、拐点偏移距离 d。

3.3.2　裂隙带和弯曲变形带岩层移动模型的建立

阳煤集团五矿 8133 综放工作面位于贵石沟井西北翼采区,开采 15 号煤层,工作面推进方向(走向)顺北偏东 $43°$ 方向,8133 长壁工作面走向长 1 584 m,工作面倾向长 230 m,煤层平均厚度为 6.2 m,工作面上方地面标高 930~1 055 m,平均 975 m,开采深度最大 526 m,平均开采深度 468 m。8133 工作面位于中川河的北东部、层沟一带,地表为上部高、四周低的中-中低山地形,由南西向北东增高。北东部为采区系统大巷,南西部为下南茹村保护煤柱,北西部为 8134 工作面(已采),南东部为 8132 工作面(已采)。其上地表地形起伏较大,属构造剥蚀地貌,一些地方为裸露的风化基岩,并有少量黄土覆盖,松散层厚度小于 5 m。地形植被稀少,均属荒山荒坡。

基于 8133 工作面综合柱状图建立模拟所需的上覆岩层,根据岩层的性质将上覆岩层分为 12 层,其中 15 号煤层的直接顶编号为 1,依次累加,具体见图 3-5。

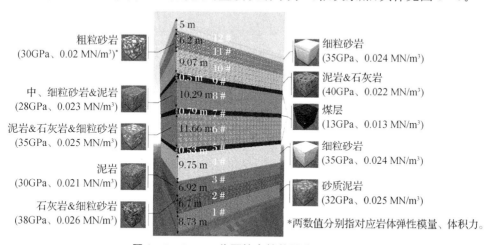

图 3-5　8133 工作面综合柱状图分层及编号

工作面的不断推进,后方采空区面积的不断扩大,使上覆岩层逐渐发生变形以及移动。为了研究煤层覆岩随工作面推进的动态下沉、移动规律,分别模拟了工作面从开切眼分别推进 10 m、20 m、30 m、40 m、50 m、60 m、80 m、100 m、150 m、200 m

时工作面走向主断面覆岩下沉、水平移动曲线图,如图 3-6(a)~(j)及图 3-7(a)~(j)所示。沿工作面倾向主断面上的竖直、水平位移见图 3-8 所示。

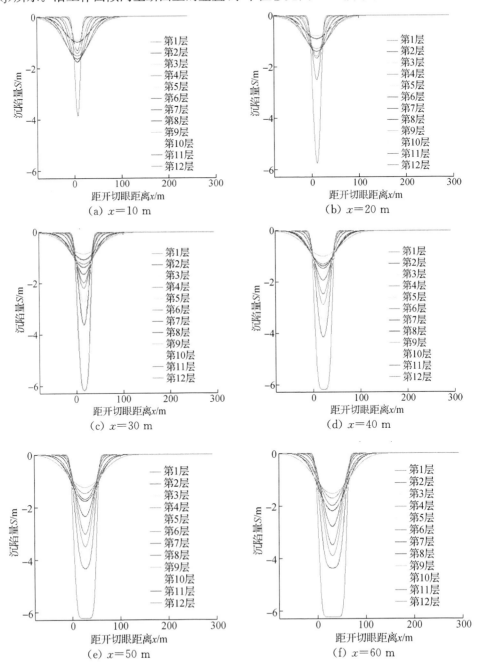

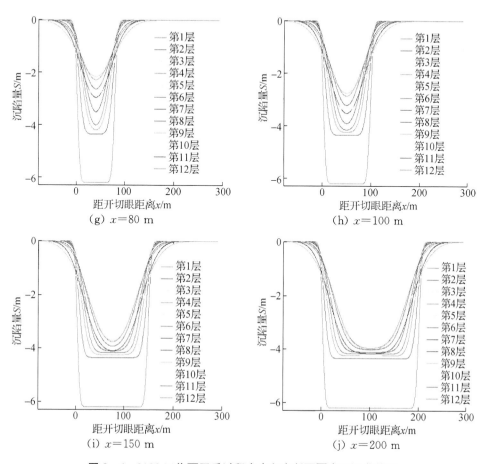

(g) $x=80$ m

(h) $x=100$ m

(i) $x=150$ m

(j) $x=200$ m

图 3-6 8133 工作面开采过程中走向主断面覆岩下沉曲线图

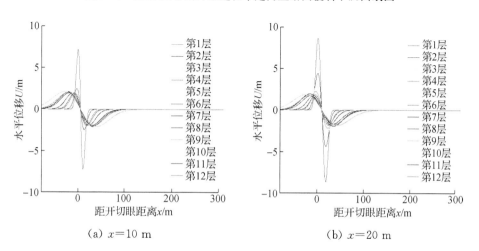

(a) $x=10$ m

(b) $x=20$ m

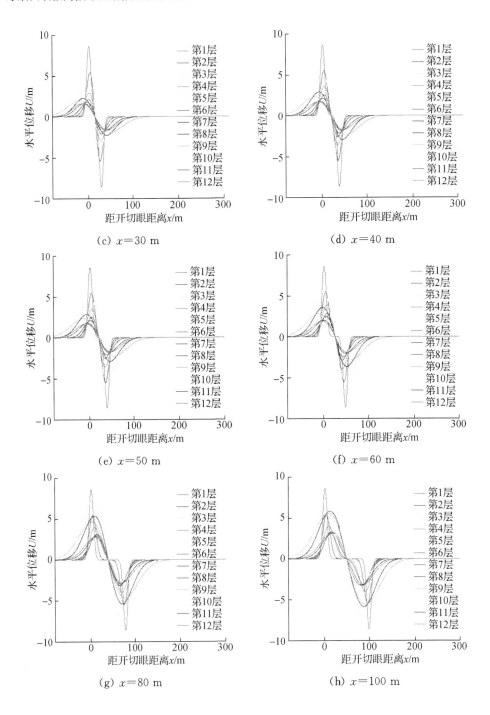

（c）x＝30 m

（d）x＝40 m

（e）x＝50 m

（f）x＝60 m

（g）x＝80 m

（h）x＝100 m

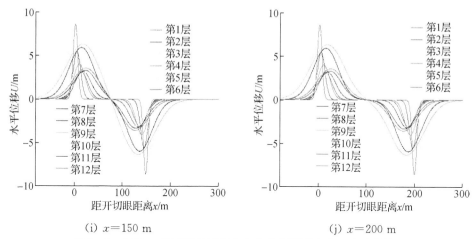

(i) $x=150$ m   (j) $x=200$ m

图 3-7 8133 工作面开采过程中走向主断面覆岩水平移动曲线图

由图 3-6 和图 3-7 可以看出,随着工作面推进距离的逐渐增加,上覆岩层在走向、倾向方向上的下沉运动主要有以下特点:

覆岩的下沉位移和受扰动的影响范围随着工作面的推进而增大。

在受扰动的岩层中,煤层直接顶板岩层下沉最剧烈。又由于岩层水平运动和沉陷运动具有同步性,因此下沉最剧烈的采空区直接顶板的水平位移也同样表现得最为活跃。

由图 3-7(a)~(c)可以看出,在煤层工作面推进前 30 m 时,上覆岩层运动表现为弯曲下沉;由图 3-7(d)~(j)可以看出,从煤层直接顶板开始,上覆岩层从下往上开始依次从弯曲下沉过渡到开裂状态最后直到发生冒落填充采空区。

当工作面推进距离为 40 m 时,采空区中央出现水平移动为 0 的区域,中部顶板移动开始趋于稳定。在前 200 m 的推进过程中,采空区上方 0~40.29 m 覆岩属于冒落带,51.08~56.4 m 属于裂隙带发育范围。

当工作面推进长度达到 200 m 时,所有覆岩均达到充分下沉,采空区中部出现压实区域。

图 3-8 为 8133 工作面走向长度大于 200 m 时,上覆岩层在倾向方向上的沉陷、水平移动及应变预测图。8133 工作面采宽 230 m,已经超过覆岩达到的充分采动的长度,只要工作面沿走向开采长度达到一定长度(≥230 m),倾向上覆岩就会产生充分下沉的特征。

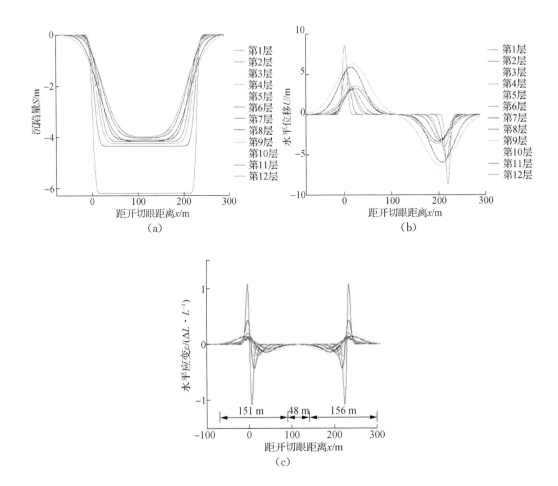

图 3－8　8133 工作面开采过程中倾向主断面覆岩沉陷、水平移动及应变预测图

水平应变指某一岩层在受到采动影响后在水平方向是拉伸还是压缩的状态，如图 3－8(c)所示，正值表示被拉伸，负值表示该位置岩层处于被压缩的状态。8133 工作面宽 230 m，从工作面倾向水平应变预测图中可以看出，在工作面倾向两端上覆岩形变变化区域宽度达到了 151 m、156 m，在工作面倾向两端之上的岩层活动非常活跃，裂隙也比较发育；而工作面中间覆岩形变在一定范围内未发生变化，长度范围为 48 m，靠近采空区中部的覆岩经过前期的拉伸、压缩变化后理论上形变归零，但是物理属性已经发生改变，十分脆弱，随时可能发生坍塌。

对上覆岩层不同层位岩层的密度、弹性模量等物理参数进行分析后,认为13 号煤层至 15 号煤层从上至下依次为基本顶(老顶)及第 3、2、1 层直接顶,不存在符合伪顶条件的顶板。从对工作面开采过程中倾向主断面的沉陷及水平位移预测图来看,当工作面沿走向推进达到 40 m、150 m、200 m 时,煤层覆岩经历三次来压。当开采到 40 m 时,紧邻层开采煤层的第 1 层直接顶来压,出现破断垮落现象;当工作面开采至 60 m 时,第 2 层直接顶破断;当工作面开采走向长度达到 150 m时,第 2 层直接顶以上的顶板出现一次大规模的来压现象,12 号煤层到第 2 层直接顶之间的覆岩出现不同程度的垮落、破断;当工作面开采至 200 m 时,剩余岩层第 3 次来压显现,表现为一组岩层出现破断垮落现象。不同来压后覆岩垮落三带预测高度如表 3-1 所示。

表 3-1　8133 工作面不同来压时三带高度预测

来压	冒落带高度/m	裂隙带高度/m	弯曲下沉带高度/m
初次来压前	0	53.79	>53.79
初次来压后	11.28	53.47	>74.84
第 2 次来压	14.1	51.08	>75.02
第 3 次来压	40.29	56.4	>76.1

3.3.3　工作面的计算结果及初步分析

83207 工作面地表位于东西岭村以东,刘家沟—大垴堰—西沟一带,属于北低南高的中低山地形且 70% 被黄土覆盖,出露少量二叠系上统岩层及 K_{12} 砂岩,刘家河位于该工作面北部地表,无其他建筑物。南部为采区大巷,东部为阳泉煤业(集团)平定东升兴裕煤业有限公司,西北部无采掘工程。工作面上方无地面建筑物,综采放顶煤工作面回采后可导致地面山体产生裂缝。该工作面 15 号煤层为复杂结构煤层,一般含夹矸 3~4 层。工作面距煤顶板 0.2 m 左右有一层夹矸,厚度约为 0.2 m,较稳定。煤岩类型为半亮型-光亮型。83207 长壁工作面走向长1 050 m,工作面倾向长 199.3 m,煤层平均厚度为 7.47 m,工作面标高 504~608 m,平均 559 m,开采深度最大 608 m,平均开采深度 559 m。

    根据现有的岩层柱状图资料将 83207 工作面上覆岩层分为 11 层,编号为 1~11,具体岩层分层及岩性参数见图 3-9,开采煤层的伪顶、直接顶编号为 1,依次逐一累加。模拟开采推进距离分别为 10 m、20 m、30 m、40 m、50 m、60 m、80 m、100 m、150 m、200 m 时工作面走向主断面覆岩下沉、水平移动,分别如图 3-10(a)~(j)、图 3-11(a)~(j)所示。沿工作面倾向主断面覆岩沉陷、水平移动及应变预测图如图 3-12 所示。

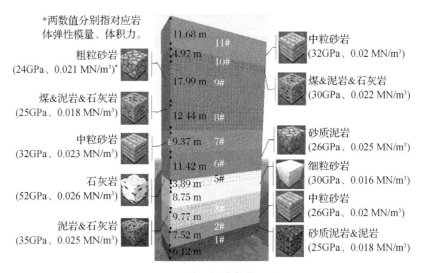

图 3-9 83207 工作面综合柱状图分层及编号

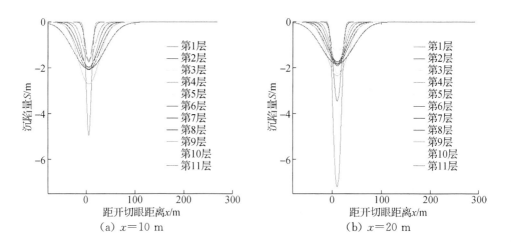

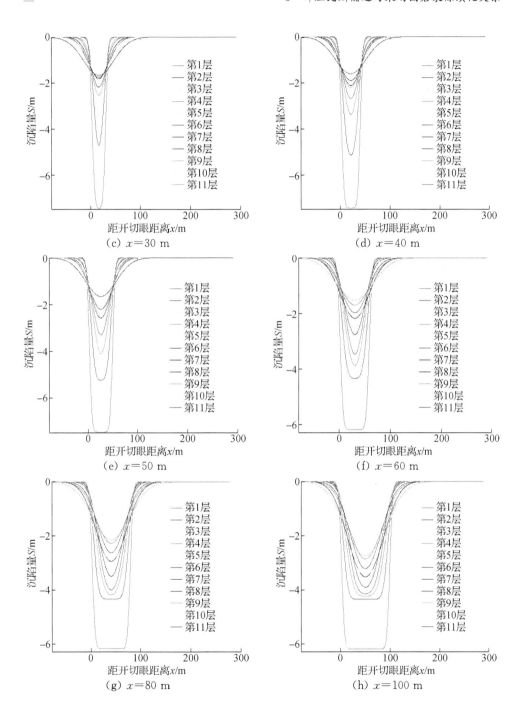

（c）x＝30 m

（d）x＝40 m

（e）x＝50 m

（f）x＝60 m

（g）x＝80 m

（h）x＝100 m

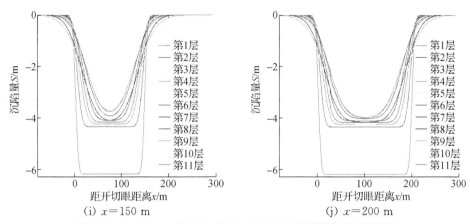

(i) $x=150$ m

(j) $x=200$ m

图 3 - 10 83207 工作面开采过程中走向主断面覆岩下沉曲线图

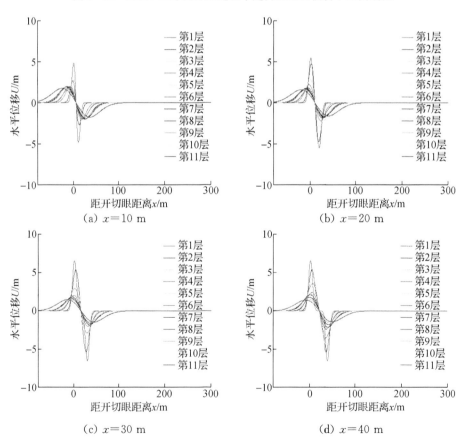

(a) $x=10$ m

(b) $x=20$ m

(c) $x=30$ m

(d) $x=40$ m

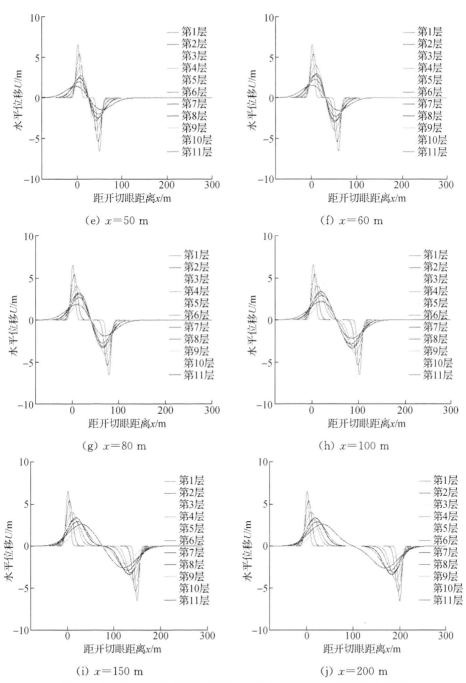

(e) $x=50$ m

(f) $x=60$ m

(g) $x=80$ m

(h) $x=100$ m

(i) $x=150$ m

(j) $x=200$ m

图 3‑11 83207 工作面开采过程中走向主断面覆岩水平移动曲线图

通过分析图 3-10 和图 3-11,发现覆岩下沉过程中有如下特点:

类似于 8133 工作面开采过程中覆岩的沉陷规律,83207 工作面后方采空区所有覆岩中第 1 层直接顶板岩层下沉得最剧烈。

在工作面推进过程中,距离采空区越近的岩层下沉范围及距离越大。

当工作面推进距离为 0~200 m 时,高度为 103.92 m 的上覆岩层均为冒落带或裂隙带。

当工作面推进距离为 200 m 时,上覆 11 层岩层均出现充分下沉。

当工作面推进距离为 30~40 m 时,直接顶板初次来压并垮落,开始形成压实区。

越靠近采空区的岩层,产生水平位移的范围越小。

采空区面积越大,受采动影响产生水平移动的范围越大。

当工作面推进至 40 m 时,采空区中部开始产生水平移动为 0 的区域,即开始生成压实区。随着工作面继续推进,重新压实区面积不断扩大。

图 3-12 为 83207 工作面开采过程中倾向主断面覆岩沉陷、水平移动预测图。从预测图中可以看出,83207 工作面覆岩沿倾向基本都达到了充分下沉。83207 工作面倾向长度 199.3 m,从其倾向方向水平应变的预测图中可以看出,工作面中间 40 m 区段内的覆岩水平应变不大,工作面左、右两端各存在 125 m、120 m 长的覆岩应变变化区域,靠近采空区中部的覆岩被压缩,工作面两端外侧的覆岩呈拉伸状态。

通过分析 83207 工作面开采过程中走向主断面上的覆岩沉陷、水平位移曲线预测图,以不同岩层出现的破断、堆积为衡量特征,即不同层位岩层在采动影响下的来压现象,发现 83207 工作面在开采过程中有 3 次重要的来压:当工作面开采至 30 m 时,初次来压使得紧挨煤层的直接顶板出现破裂;当工作面开采至 80m 左右时,第 2 层直接顶出现垮落;当工作面开采至 150 m 时,上覆第 3~8 层岩层出现集体大规模的断裂垮落,可认为煤层之上第 3 层覆岩为基本顶或老顶;当开采至 200 m 时,第 9~11 层覆岩出现集体破断。在该预测模型下,上覆岩层受采动影响,三带高度随来压变化如表 3-2 所示。

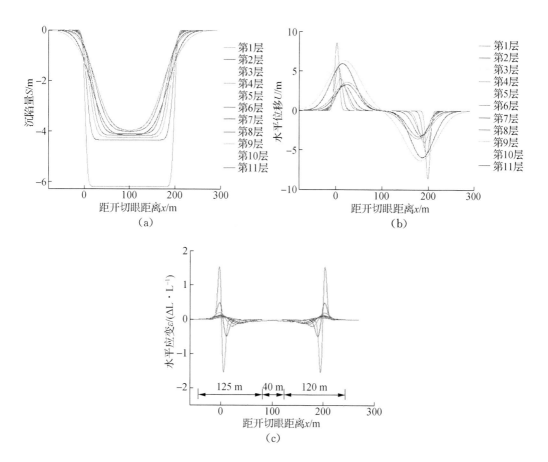

(a)

(b)

(c)

图 3-12　83207 工作面开采过程中倾向主断面覆岩沉陷、水平移动及应变预测图

表 3-2　83207 工作面不同来压时三带高度预测

来压	冒落带高度/m	裂隙带高度/m	弯曲下沉带高度/m
初次来压前	0	30	＞45.67
初次来压后	7.14	34.5	＞63.2
第 2 次来压	16.2	59.6	＞86.9
第 3 次来压	46.6	62.1	＞101.5

3.4　综放面上覆岩层位移规律实证研究

采用 3DEC 模拟软件来研究阳煤五矿 8133 工作面上覆岩层中孔隙、裂隙的发育规律以及对 8133 工作面上方 76.14 m 内的 12 层岩层的移动进行计算。还有就是判断岩层是否发生初次断裂以及周期断裂的岩层初次断裂极限跨距、周期破断跨距,以及对应岩层岩块破断后的残余碎胀系数 K_p。

在 3DEC 中建立上覆岩层模型之前,需要进行的主要步骤包括:

(1) 选择正确、合适的本构模型,合适的本构模型可以比较理想地体现出采动岩层的力学行为。3DEC 模拟软件针对块体运动提供了三种本构模型,一般选择摩尔-库伦本构模型作为模拟岩层移动的本构模型。因为在模拟过程中是将岩体看作可变形块体来分析的,所以选择摩尔-库伦本构模型作为 8133 工作面覆岩所符合的本构模型进行解算。模拟煤层、岩层走向长度 350 m,倾向宽度 1 m,开切眼一侧留设 60 m 煤柱,工作面一侧留设 90 m 煤柱,所以煤层模拟开采长度达到 200 m。

(2) 前期调研、收集资料,主要目的是为了选取合理的物理力学参数。摩尔-库伦本构模型中涉及大量的基础物性参数,需要提前设置、完善,如岩体的密度、弹性模量、泊松比、内摩擦角、黏聚力、抗拉强度等;而且岩体之间的接触面,也应根据岩体岩性以及所收集到的相关资料选择合理的参数,如岩体接触面的法向刚度、切向刚度、内摩擦角、黏聚力等。8133 工作面岩层主要参数如表 3-3 所示,划分块体后,块体之间接触面的参数如表 3-4 所示。

表 3-3　8133 工作面岩层相关物性参数

层号	岩性	体积模量 K/Pa	剪切模量 G/Pa	摩擦角 bfr/(°)	黏聚力 bc/Pa	抗拉强度 bt/Pa
12	砂质泥岩	1.9×10^{10}	9.5×10^{10}	25	7.85×10^5	1×10^6
11	粗粒砂岩	6×10^{10}	2×10^{10}	30	1.37×10^6	5.8×10^6
10	泥岩、石灰岩	2.8×10^{10}	1.2×10^{10}	18	1.5×10^6	1.22×10^6

层号	岩性	体积模量 K/Pa	剪切模量 G/Pa	摩擦角 bfr/(°)	黏聚力 bc/Pa	抗拉强度 bt/Pa
8	中、细粒砂岩,泥岩	3.5×10^{10}	1.78×10^{10}	27	8.9×10^5	1×10^6
6	泥岩、石灰岩、细粒砂岩	3.4×10^{10}	1.7×10^{10}	20	3.5×10^6	1.45×10^6
4	细粒砂岩	1.9×10^{10}	9.5×10^{10}	25	7.85×10^5	1×10^6
3	泥岩	2.8×10^{10}	1.2×10^{10}	18	1.5×10^6	1.22×10^6
2	石灰岩、细粒砂岩	1.9×10^{10}	9.5×10^{10}	25	7.85×10^5	1×10^6
1	砂质泥岩	2.8×10^{10}	1.2×10^{10}	18	1.5×10^6	1.22×10^6

表 3-4　8133 工作面岩层块体间接触面相关物性参数

层号	岩性	剪切刚度 jkn/Pa	法向刚度 jks/Pa	黏聚力 jco/Pa	摩擦角 bfr/(°)	抗拉强度 bt/Pa
12	砂质泥岩	5.5×10^9	5.3×10^9	1.4×10^5	32	1.5×10^6
11	粗粒砂岩	2×10^9	1.5×10^9	8×10^5	25	9×10^5
10	泥岩、石灰岩	1.8×10^9	1.2×10^9	6×10^5	19	1.4×10^6
8	中、细粒砂岩,泥岩	5×10^9	2×10^9	1×10^5	25	1.1×10^6
6	泥岩、石灰岩、细粒砂岩	4.7×10^9	3.5×10^9	1.2×10^5	30	1.6×10^6
4	细粒砂岩	5.5×10^9	5.3×10^9	1.4×10^5	32	1.5×10^6
3	泥岩	1.8×10^9	1.2×10^9	6×10^5	19	1.4×10^6
2	石灰岩、细粒砂岩	5.5×10^9	5.3×10^9	1.4×10^5	32	1.5×10^6
1	砂质泥岩	1.8×10^9	1.2×10^9	6×10^5	19	1.4×10^6

（3）边界条件的设置。根据岩层所处的应力环境,选择合适的应力、速度边界条件。由于在模拟 8133 工作面覆岩移动时涉及的岩层高度为 74.32 m,共 12 层煤岩层,在最上面一层岩层表面加载 16 MPa 的载荷,该载荷值是由基于组合梁载荷计算理论计算得到的。其中 3 层煤层由于其厚度较薄,在模拟模型中难以与其他岩层明显区别,而且对其他岩层移动影响较小,所以选择略去这 3 层煤层的建模。

为了研究 8133 工作面上覆岩层中孔隙、裂隙的发育规律,对 8133 工作面上方

76.14 m 内的 12 层岩层的移动进行计算。其中非常重要的是判断岩层是否发生初次破断以及周期断裂的岩层初次破断极限跨距、周期破断跨距,以及对应岩层岩块破断后的残余碎胀系数 K_ρ,如表 3-5 所示。

表 3-5   上覆岩层初次破断跨距以及周期破断跨距

层号	岩性	厚度 /m	初次垮落极限跨距/m	周期垮落极限跨距 /m	残余碎胀系数 K_ρ
12	砂质泥岩	5	48.1	14.06	1.1
11	粗粒砂岩	6.2	29.28	8.85	1.08
10	泥岩、石灰岩	9.07	65.61	19.29	1.11
9	煤层	0.5	9.59	2.77	1.07
8	中、细粒砂岩,泥岩	10.29	38.02	11.74	1.15
7	煤层	0.79	12.05	3.49	1.07
6	泥岩、石灰岩、细粒砂岩	11.66	63.46	18.92	1.1
5	煤层	0.53	9.87	2.85	1.07
4	细粒砂岩	9.75	38	11.69	1.1
3	泥岩	6.92	28.13	8.6	1.12
2	石灰岩、细粒砂岩	6.7	43.51	12.86	1.11
1	砂质泥岩	8.73	53.86	15.94	1.15

采空区上覆岩层停止继续发生下沉移动的非常重要的因素之一就是冒落带岩块的碎胀性,即岩体从原始应力状态下被解放进而发生破断以后,其破碎岩块的体积会发生一定的膨胀,当破碎堆积岩体膨胀后的体积增量完全填补开采煤体的体积时,此时冒落带上方的岩层不会继续发生破断,冒落带发育也就此停止。在预测岩层移动时,直接使用岩体的残余碎胀系数,直接跳过岩体破断后被压的过程,目的是为了能够得到堆积破断岩块的最终堆积高度。

图 3-13~图 3-16 分别表示工作面推进 50 m、100 m、150 m 和 200 m 时上覆岩层的垮落次数、预测移动曲线以及模拟岩层移动情况。其中,从覆岩垮落规律示意图中可以看到岩层发生初次垮落以及周期垮落的现象,3DEC 模拟中可以大致看到岩层在工作面开采过程中移动的趋势。依据表 3-5 中的数据即可以

计算得知,当工作面推进距离达到 149.46 m 时,1～8 号岩层经过 4～8 次的周期破断后,8 号岩层悬空长度达到初次破断极限跨距而发生破断,如图 3-13(a)所示。1～8 号岩层垮落岩块经过碎胀后,其高度从之前的 55.87 m 膨胀为 62.56 m,增量约为 6.7 m,而开采煤体厚度为 6.6 m。因此,可以认为 1～8 号岩层的垮落岩块经过膨胀后的体积已经填补开采煤体造成的采空区体积,即第 8 号岩层以上的岩层不会再出现剧烈的垮落现象,在整个工作面推进的过程当中(推进长度 150～1 584 m),8133 工作面采空区上覆岩层垮落带高度为 1～8 号岩层,距煤层高度为 55.37 m。

图 3-13 所示为工作面推进 50 m 时,工作面上覆岩层垮落规律、计算移动曲线以及模拟岩层移动情况。经计算,煤层直接顶(1 号岩层)的初次垮落步距为 53.86 m,因此该岩层只是发生弯曲变形并未破断,所以整个覆岩运动仅限于弯曲变形运动,整个上覆岩层仅形成裂隙带和弯曲变形带。而从岩层移动预测曲线可以看出,煤层直接顶板的下沉移动曲线已经出现了明显的平底现象,而从模拟结果来看,靠近开切眼一侧的直接顶已经产生将要破断的迹象,这也反映出 1 号岩层将要发生初次破断。整个上覆岩层 1～12 号岩层的计算下沉量达到了 1.2～6.6 m,岩层的下沉盆地的半径也随着煤岩垂距的增加而增加。

当工作面继续推进至 100 m 时,1 号、2 号和 3 号岩层已经完成了初次破断,随后各又经过 1～3 次的周期破断引发 4 号岩层的初次破断,因此在该阶段可以认为垮落带已经发展到了煤层上方 32.1 m 的岩层,模拟岩层垮落后冒落带高度为 24.9 m,如图 3-14(c)所示。岩层移动模型 1～12 号岩层计算下沉量达到了 1.5～ 6.6 m,而模拟岩层下沉量则达到了 1.9～6.6 m。如图 3-14(b)所示,实线框内为冒落带范围,沉陷曲线突然出现的"台阶"表示该岩层破断后的岩块发生体积膨胀,增大的体积量具体数值通过引入不同岩性的残余碎胀系数 K_p 进行计算。而在靠近工作面的一侧发生明显的岩体破断的现象,预测曲线出现断点,工作面上方的岩层(虚线框内)呈悬臂梁状态继续支撑,1～4 号岩层此时的悬臂长度依次为 14.26 m、0.57 m、2.44 m 和 7.33 m,均小于对应岩层的周期破断距。

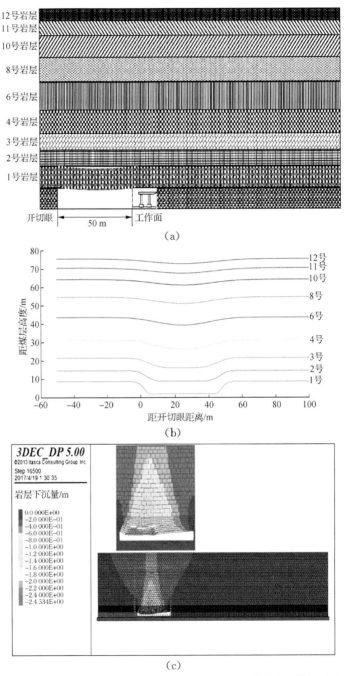

图 3-13　工作面推进 50 m 时覆岩破断状态、移动曲线及模拟结果

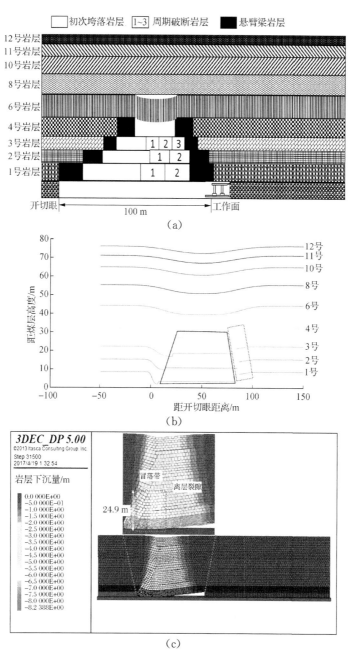

（a）

（b）

（c）

图 3-14 工作面推进 100 m 时覆岩破断状态、移动曲线及模拟结果

当工作面推进至 150 m 时，1~8 号岩层已经垮落，其破碎岩块碎胀以后的高

度可以平衡煤层厚度,因此垮落带发育的最高高度为 55.37 m,而模拟结果显示垮落带发育高度达到了 57.3 m,如图 3-15(c)所示,并且在靠近工作面一侧的覆岩中产生了 3 条明显的离层裂隙。由图 3-15(a)可以看出,8 号岩层发生 2 次周期垮落,同时 3 号岩层发生多达 10 次周期垮落,而 6 号岩层仅发生 1 次周期垮落,其他岩层分别发生 5~7 次不等的周期垮落现象。图 3-15(b)中虚线圈内所示为岩层发生破断后工作面一侧的悬臂梁岩层,悬臂梁长度分别为 0.5 m(1 号)、0.03 m(2 号)、6.54 m(3 号)、9.08 m(4 号)、2.38 m(6 号)、1.96 m(8 号),图 3-15(c)为模拟岩层移动结果。8 号岩层发生垮落后,垮落带高度相比工作面推进 100 m 时继续发育,8 号岩层位于采空区内的沉陷预测曲线高度(55.42 m),已经基本接近其所处原始高度(55.37 m),即 1~8 号岩层破断后岩块堆积,由于岩体体积发生膨胀后的高度已经达到 8 号岩层所处的高度,8 号岩层以上的岩层在弯曲下沉的过程中由于破碎岩块的支承不会再发生明显的破断现象。

当工作面推进至 200 m 时,由于垮落带已经发育完毕,8 号以上的岩层不会再发生明显的垮落破断现象,因此 8 号岩层之上的岩层只会产生弯曲形变。各岩层发生周期垮落的次数如图 3-16(a)所示,岩层预测沉陷曲线如图 3-16(b)所示,图 3-16(c)为模拟岩层移动结果。从模拟中可以看出,冒落带高度同工作面推进 150 m 时的冒落带高度均为 57.3 m,岩层模型计算冒落带高度为 55.37 m。

在 3DEC 模拟及数值模型运算过程中沿走向取 4 条监测线,分别距工作面开切眼 25 m、75 m、125 m、175 m,每条监测线纵向上按岩层分层取 9 个下沉位移监测点,位于每层岩层中间,随着工作面的推进,模拟及模型计算结果对比见表 3-6。从二者的误差对比分析可以看出,在覆岩下沉的过程中,3DEC 模拟结果和模型计算结果的基本趋势比较一致,如图 3-17 所示。当工作面推进 50 m 时,模拟结果和模型计算结果之间的误差较大,对应图 3-17 中的 50 m(NO 1)折线,最大达到了 4.2 m;随着工作面继续推进至 150 m、200 m,在 NO 2 监测线上 10 号、11 号和 12 号岩层处的误差较大,如图 3-17 中的 150 m(NO 2)以及 200 m(NO 2)折线;其余监测对比点的模拟及模型计算误差范围为 0.11~2.3 m。

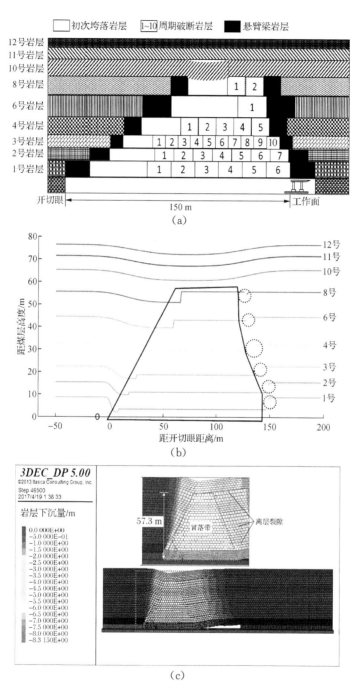

图 3-15　工作面推进 150 m 时覆岩破断状态、移动曲线及模拟结果

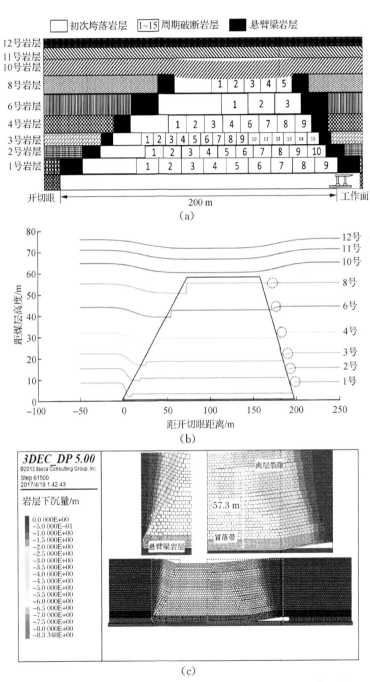

图 3-16 工作面推进 200 m 时覆岩破断状态、移动曲线及模拟结果

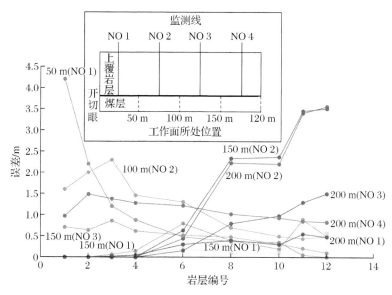

图 3‑17 模拟与模型计算误差对比折线图

表 3‑6 不同工作面推进长度下对应监测线岩层模拟下沉量与模型计算下沉量对比表

工作面推进长度/m	监测线编号	下沉量/m	岩层层号								
			1 号	2 号	3 号	4 号	6 号	8 号	10 号	11 号	12 号
0 m	NO 1~4	3DEC 模拟 & 模型计算	0	0	0	0	0	0	0	0	0
50 m	NO 1	3DEC 模拟	2.4	1.2	0.89	0.76	0.53	0.42	0.39	0.39	0.38
		模型计算	6.6	3.4	2.1	1.64	1.01	0.8	0.74	0.45	0.39
		误差	4.2	2.2	1.21	0.88	0.48	0.38	0.35	0.06	0.01
100 m	NO 1	3DEC 模拟	6.6	6.6	6.53	6.45	4.5	4.2	4.05	2.9	2.2
		模型计算	6.6	6.6	6.6	6.6	5.3	4.6	4.25	3.8	2.7
		误差	0	0	0.07	0.15	0.8	0.4	0.2	0.9	0.5
	NO 2	3DEC 模拟	5	4.6	4.3	4	3	2.9	2.7	2.35	2.29
		模型计算	6.6	6.6	6.6	5.46	4.31	3.6	3.2	2.79	2.78
		误差	1.6	2	2.3	1.46	1.31	0.7	0.5	0.44	0.49

续表

工作面推进长度/m	监测线编号	下沉量/m	岩层层号								
			1 号	2 号	3 号	4 号	6 号	8 号	10 号	11 号	12 号
150 m	NO 1	3DEC 模拟	6.6	6.6	6.57	6.55	6.1	4.5	4.05	2.9	2.2
		模型计算	6.6	6.6	6.6	6.6	6.3	4.6	4.15	3.76	2.78
		误差	0	0	0.03	0.05	0.2	0.1	0.1	0.86	0.58
	NO 2	3DEC 模拟	6.6	6.6	6.6	6.6	5.81	3.6	3.4	1.9	1.54
		模型计算	6.6	6.6	6.6	6.6	6.25	5.83	5.6	5.3	5.1
		误差	0	0	0	0	0.44	2.23	2.2	3.4	3.56
	NO 3	3DEC 模拟	1.6	1.24	0.91	0.83	0.78	0.64	0.58	0.54	0.46
		模型计算	2.31	1.89	1.78	1.45	1.3	1.12	0.89	0.75	0.57
		误差	0.71	0.65	0.87	0.62	0.52	0.48	0.31	0.21	0.11
200 m	NO 1	3DEC 模拟	6.6	6.6	6.57	6.55	6.1	4.5	4.05	2.9	2.2
		模型计算	6.6	6.6	6.6	6.6	6.4	4.9	4.35	3.46	2.68
		误差	0	0	0.03	0.05	0.3	0.4	0.3	0.56	0.48
	NO 2	3DEC 模拟	6.6	6.6	6.6	6.6	5.81	3.6	3.4	1.9	1.54
		模型计算	6.6	6.6	6.6	6.6	6.45	5.93	5.77	5.35	5.05
		误差	0	0	0	0	0.64	2.33	2.37	3.45	3.51
	NO 3	3DEC 模拟	6.6	6.6	6.6	6.6	6.35	5.51	5.12	4.59	4
		模型计算	6.6	6.6	6.6	6.6	6.51	6.31	6.1	5.89	5.5
		误差	0	0	0	0	0.16	0.8	0.98	1.3	1.5
	NO 4	3DEC 模拟	1.67	1.07	0.74	0.61	0.44	0.43	0.39	0.38	0.37
		模型计算	2.64	2.56	2.12	1.89	1.66	1.45	1.32	1.24	1.2
		误差	0.97	1.49	1.38	1.28	1.22	1.02	0.93	0.86	0.83

3.5 本章小结

煤孔隙分类方法按 1966 年霍多特分类分为微孔、小孔、中孔、大孔、可见孔和裂隙。瓦斯在不同孔隙中处于不同的流态:在可见孔、大孔、中孔及小孔中处于扩散和缓慢渗透流动的状态,在微孔中处于吸附状态。

(1) 随着工作面推进长度从 300 m 到 800 m 到最后开采结束(1 584 m),地表下沉值也随之增大,从推进 300 m 时的最大下沉 2 084 mm(A20 点)到推进 800 m 时的最大下沉 2 919 mm(A25 点),最终在煤层开采结束后最大下沉达 3 211 mm(A25 点),至此地表下沉开始稳定,沉陷盆地出现盘状底部。

(2) 走向观测线 A 线与其对应的预测值之间的吻合程度较高,同时随着开采长度的增大,下沉、水平移动实测值与预测值吻合度增高。倾向观测线 B 下沉、水平移动的实测值与其对应预测值之间的吻合程度较低,但是地表移动变形的基本趋势还是趋于一致的。因此对于之前建立的基于影响函数法的数值模型来讲,当工作面走向长度较长时(大于 800 m),其在地表走向上的沉陷预测精度还是较高的。

(3) 通过应用已经建立的基于影响函数法的岩层移动模型对 8133 工作面上方 76.14 m 以内覆岩的移动进行预测,同时分析了岩层垮落的规律,并预测覆岩中垮落带的最终发育高度为 55.37 m,3DEC 软件的模拟结果显示垮落带最终高度为 54.9 m,与岩层移动模型相差较小。对比模拟和计算结果可以看出二者在覆岩下沉趋势上趋于一致,误差较小,在工作面推进距离较短时(50 m)以及部分较远离煤层的岩层上,少部分的监测点会出现对比误差较大的现象。

(4) 通过影响函数法建立煤矿回采工作面的上覆岩层沉陷的数值分析模型,预测大采长工作面推采过的采空区上覆岩层的最终移动变形状态。

(5) 使用上述模型对阳煤集团五矿 8133 工作面和 83207 工作面进行数值计算,得到了两工作面在工作面回采过程中上覆岩层三带高度的变化情况以及工作面前三次来压的冒落高度、裂隙带高度和弯曲下沉带的高度。该模型对煤矿其他工作面预防冒顶事故和老顶周期来压有一定的借鉴作用,对于探查矿区生态环境的破坏程度以及实际生产活动具有指导意义。

4 综放面瓦斯高抽巷抽采效果分析

4.1 大采长综放面开采技术条件

三矿 K8206 工作面是阳泉矿区第一个超过 250 m 的大采长工作面。该工作面井下位于竖井扩二区西翼中部。北部为 K8205 工作面,东隔采区大巷与扩一区相邻,南部为 K8207 工作面,西部为新景矿井田。上部 12 号煤层未采,上方对应裕公井 3 号煤层扩二区 K7205、K7207、K7209 工作面的局部采空区。工作面标高为 503.6~596.3 m,地面标高为 1 025~1 168 m,走向长 1 579 m,倾斜长 252.2 m。工作面煤层总厚 7.08 m,净煤厚 6.71 m,煤层倾角 1°~7°,平均 5°。煤层直接顶为 1.34 m 粉砂质泥岩,老顶为 15.17 m 的石灰岩,其中由两层泥岩和三层石灰岩组成,直接底为 3.34 m 的粉砂质泥岩。采用综放一次采全高的开采方法,采高为 2.8 m,工作面平均推进速度 2~4 m/d,顶板管理采用全部垮落法,具体位置见图 4-1 所示的工作面布置图。

K8206 综放面邻近层卸压瓦斯抽采方式采用"走向高抽巷+后高抽巷"的抽采体系。工作面走向高抽巷沿 11 号煤层布置,距离工作面 15 号煤层的距离为 50~60 m,与回风巷水平距离为 60 m。在工作面初采期,由于 15 号煤层覆岩垮落至走向高抽巷尚需一段距离,走向高抽巷不能及时抽采下部邻近层卸压瓦斯,工作面布置后高抽巷进行抽采。K8206 综放面后高抽巷的布置方式为沿回风掘进方向过切眼按倾角 18°继续掘进 20 m 后,按 38°的伪倾角反向起坡往工作面上方掘进并与走向高抽巷末端相连,后高抽巷利用走向高抽巷的抽放负压抽采初采期邻近层卸压瓦斯。走向高抽巷和后高抽巷的布置见图 4-2。

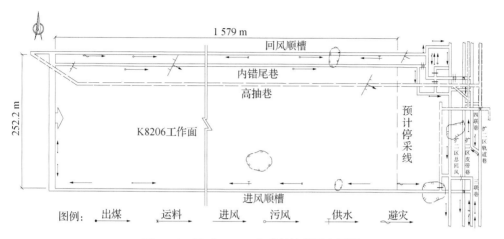

图 4 - 1　三矿 K8206 大采长综放面布置图

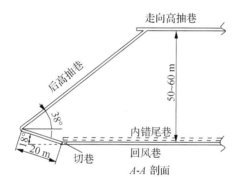

图 4 - 2　K8206 综放面后高抽巷的布置图

　　K8206 大采长综放面通风方式采用"U+I(内错尾巷)"型布置方式。内错尾巷沿 15 号煤层顶板布置,距离回风巷的水平距离为 28 m,内错尾巷布置见图 4 - 3。

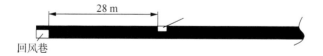

图 4 - 3　K8206 综放面内错尾巷布置图

4.2　卸压瓦斯储运与采场围岩裂隙演化关系

4.2.1　综放面矿压显现特征

根据阳煤集团与中国矿业大学共同完成的《高瓦斯大采长综放面瓦斯涌出规律与抽采技术研究课题研究报告》,综放面顶板压力显现呈现以下特征:

(1) 当工作面推进 5.5 m 左右时,顶煤初次垮落。顶煤初次垮落后,支承压力的破煤作用不断提高,同时也为顶煤的继续垮落开出了自由面,因此进入正常推进阶段,顶煤可随采随冒。

(2) 直接顶初次垮落步距平均为 17.3 m,老顶初次来压步距平均为 32.3 m。

(3) 各地点来压不同步,呈现分段来压。工作面监测的四个支架处直接顶和老顶来压都出现了不同步现象。

(4) 各地点矿山压力显现呈现明显的分组来压特征,每组内又包含 2~3 次组内来压。各地点组间、组内来压平均步距较为一致,组间来压步距平均为 34.55 m,组内来压平均步距为 7.43 m。

(5) 工作面来压强度较大,直接顶初次垮落时动载系数平均为 1.85,老顶来压动载系数平均为 1.6。

4.2.2　综放面采动上覆围岩裂隙演化

煤层开采引起的岩层移动将在上覆岩层中形成垮落带、裂隙带和弯曲下沉带,其中裂隙带是邻近层瓦斯运移的主要通道。裂隙带的裂隙主要有两种:一种是垂直或斜交于岩层的穿层破断裂隙,它主要是由于冒落带中的破碎岩石不断压实,上覆岩层弯曲下沉受拉及上位岩层受剪而产生,它可部分或全部穿过岩石分层,但其两侧岩层基本无相对位移而保持层状连续性,它仅在覆岩一定高度范围内发育;另一种是沿层面的离层裂隙,离层裂隙主要是因岩层间力学性质差异较大、岩层弯曲下沉不同步所致,离层裂隙是贮水和贮瓦斯的场所。

对于富含瓦斯的上覆煤岩层,一旦采动裂隙与之导通,则其内的孔隙与裂隙将连成一体成为瓦斯气体运移的连通体。煤层内大孔(孔隙直径大于10^3 nm)以上孔隙及裂隙内的渗流瓦斯逐渐在本身瓦斯压力下运移至裂隙内,煤层中的瓦斯随着瓦斯的不断运移,其气体分子的碰撞作用减小,瓦斯压力降低,进而煤的吸附性能降低,煤中吸附态瓦斯逐渐解析,转化为游离态瓦斯,并不断地达到一种动态平衡。若裂隙为贯通的裂隙,即既有离层裂隙又有穿层裂隙,能够与下部采空区或抽采瓦斯的巷道连通,则煤层中的瓦斯会不断地向煤岩裂隙体中运移,直至煤中吸附态瓦斯完全转化为游离态瓦斯。若裂隙仅为离层裂隙而无穿层裂隙,则随着裂隙体内瓦斯压力的平衡,煤层中的瓦斯仅有一部分运移至离层裂隙内,煤层瓦斯压力只在一定程度上卸压,随着裂隙的闭合,煤层瓦斯压力又逐渐升高,游离态瓦斯转化为渗流态瓦斯的量很少。同样处于卸压带内的煤层,由于煤层的膨胀而卸压,卸压作用使得煤岩体中渗透容积增大,即孔隙率增高,瓦斯压力有所降低,部分吸附态瓦斯转化为游离态瓦斯,但同样由于游离态瓦斯没有更多运移的空间,吸附态瓦斯转化为游离态瓦斯的量也很少。因此可以认为,处于贯通裂隙带内的邻近层瓦斯将完全排放,而处于离层裂隙体或卸压带内煤岩体中的瓦斯主要还是以吸附态瓦斯为主,其内瓦斯基本不排放。

由以上分析可知,在裂隙带上部由于垂向裂隙不发育,不与下部裂隙贯通,在裂隙带的下部,垂向裂隙逐渐发展增强,离层裂隙与垂向裂隙连通,渗透性明显增加,并能下渗到采空区,我们把此部分称为导气裂隙带,其高度范围与煤层采高、工作面长度及覆岩岩性等相关。由于直径大于10^5 nm的可见孔或裂隙已经构成层流及紊流混合渗透的区间,并决定了煤的宏观破坏面,因此可以认为穿层裂隙分离程度在10^5 nm以上,便可以构成导气裂隙带。处于"导气裂隙带"高度以上覆岩区,煤层卸压瓦斯不能流动到下部采场或抽采巷道。

岩层控制的关键层理论认为,关键层对上覆岩层的运动起控制作用,同时控制裂隙的动态延展规律。该控制作用决定了随着各层亚关键层的逐渐破断,裂隙带的高度呈现跳跃式发展,最终将以离层裂隙带的形式止于未破断的那一层亚关键层或主关键层下。穿层裂隙带的高度由于受到岩层刚度的影响以及软弱岩层的阻挡,将止于一定高度下,即导气裂隙带的高度只在一定高度上发育,其动态延展过程随着关键层的破断受到关键层控制作用的影响,也将出现跳跃式发展,但最终形态不受关键层的决定,而是受到岩层的弯曲程度和软弱岩层的控制。

利用中国矿业大学矿业工程学院关键层判别软件 KSPB 对 K8206 局部综合柱状图进行判别,如图 4-4 所示,控制 15 号煤层上覆含瓦斯邻近层的关键层主要为:

层号	厚度/m	埋深/m	岩性	关键层位置	备注
51	3.68	3.68	河流石		
50	336.66	340.34	无岩芯基岩	主关键层	
49	5.98	346.32	粉砂岩	亚关键层	
48	4.39	350.71	粗砂岩		
47	0.98	351.69	粉砂岩		
46	3.33	355.02	细砂岩		
45	6.72	361.74	粉砂岩	亚关键层	
44	4	365.74	粗砂岩		
43	1.5	367.24	粉砂岩		
42	6.79	374.03	细砂岩	亚关键层	
41	1	375.03	粉砂岩		
40	4	379.03	中砂岩		
39	1.45	380.48	3号煤层		
38	1.7	382.18	粉砂岩		
37	4.39	386.57	泥岩		
36	4.8	391.37	粉砂岩		
35	4.58	395.95	粉砂岩		
34	5.14	401.09	中砂岩		
33	1.2	402.29	粉砂岩		
32	4.6	406.89	K_7中砂		
31	2.35	409.24	粉砂岩		
30	2.67	411.91	泥岩		
29	1.64	413.55	粉砂岩		
28	6.8	420.35	泥岩		
27	3.4	423.75	泥岩		
26	1.5	425.25	8号煤层		
25	2.03	427.28	泥岩		
24	1.25	428.53	泥岩		
23	2.5	431.03	细砂岩		
22	6.5	437.52	粗砂岩		
21	0.6	438.13	泥岩		
20	3	441.13	K_6中砂		
19	11.74	452.87	粉砂岩	亚关键层	
18	2.44	455.31	K_4石灰岩		
17	0.3	455.61	11号煤		
16	2.36	457.97	中砂岩		
15	5.34	463.31	泥岩		
14	1.6	464.91	12号煤层		
13	1.2	466.11	细砂岩		
12	1.8	467.91	K_3石灰岩		
11	0.15	468.06	13号煤层		
10	8.3	476.36	粉砂岩		
9	16	492.36	粗砂岩		
8	0.3	492.66	泥岩		
7	12	504.66	粗砂岩	亚关键层	
6	1.8	506.46	泥岩		
5	5.74	512.2	石灰岩	亚关键层	
4	3.37	515.57	泥岩		
3	2.31	517.88	K_2石灰岩		
2	1.15	519.03	泥岩		
1	7	526.03	15号煤层		

图 4－4　K8206 工作面覆岩关键层判别

下一位 12 m 和 16 m 粗砂岩组成的复合关键层,其控制 13 号、12 号、11 号煤层及 K₃、K₄ 石灰岩的运动,该煤岩段为邻近层瓦斯涌出密集段;上一位关键层为 11.74 m 的粉砂岩,它控制着上方含瓦斯层 8 号煤层到 3 号煤层的运动。

　　中国矿业大学矿业工程学院岩层移动与绿色开采课题组对阳泉矿区不同工作面采长下裂隙带的发育高度做了分析,得出不同工作面面长导气裂隙带的演化规律,如图 4-5 所示。根据工作面面长变化对导气裂隙带高度的影响,在工作面面长 98 m 时,导气裂隙带的高度约为 66.16 m,在工作面面长为 102 m 时,导气裂隙带的高度约为 145 m,之后随着工作面面长增加,导气裂隙带高度基本不变。

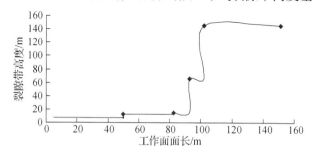

图 4-5　不同工作面面长导气裂隙带的演化规律

　　《建筑物、水体、铁路及主要井巷煤柱留设与压煤开采规范》中的坚硬岩层综采工作面裂隙带高度的经验公式为:

$$H = K[100\sum M/(1.2\sum M + 2) + 8.9] \tag{4-1}$$

$$H = K(30\sqrt{\sum M} + 10) \tag{4-2}$$

式中:

　　H——采动裂隙带的高度(m);

　　M——煤层的厚度(m),K8206 综放面 15 号煤层平均厚度为 7 m;

　　K——综放面相对于分层开采或综采开采时的裂隙带高度影响系数,对于坚硬岩层可取 1.5。

　　由公式(4-1)计算可得,H=114.3 m,由公式(4-2)计算可得,H=134.1 m,取其大值,即导气裂隙带的最终高度为 134.1 m。

　　K8206 综放工作面面长 250 m,据图 4-5 查实,并利用本书第 3.3 节综放面覆岩层移动模型及孔隙、裂隙研究结论,得知 K8206 综放面导气裂隙带高度为 145 m。这与经验公式计算的结果比较接近,即 K8206 综放工作面导气裂隙带高度为 145 m。

4.2.3 卸压瓦斯储集与采场围岩裂隙演化过程分析

K8206 大采长综放面走向高抽巷下部覆岩范围内共含有两层关键层(如图 4 - 6 所示),分别为 5.74 m 的石灰岩以及由 12 m 的粗砂岩和 16 m 的粗砂岩组成的复合关键层。该面主要含瓦斯邻近层 13 号煤层、12 号煤层、11 号煤层以及 K_3、K_4 石灰岩集中分布在复合关键层之上,其运动受到复合关键层的控制。关键层对邻近层瓦斯的控制见图 4 - 6。

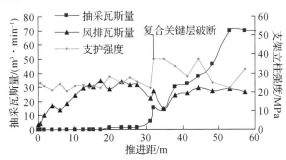

图 4 - 6 三矿 K8206 综放面初采期瓦斯涌出规律及支架支护强度随推进距的变化关系

由图 4 - 6 可知,受关键层运动控制,K8206 综放面瓦斯涌出呈现两个阶段特征:第一阶段,在工作面推进 32 m 之前,由于复合关键层对主要含瓦斯邻近层的控制,顶板裂隙无法发育至含瓦斯邻近层,邻近层瓦斯得不到卸压涌出,工作面布置的后高抽巷抽不到瓦斯,只在工作面推进至 20 m,顶板继续冒落使得切眼后方裂隙有所发育后,始抽上 1.63 m³/min 的少量瓦斯;工作面风排瓦斯量则随着未经瓦斯排放带的揭露、采空区遗煤的增加以及少量 K_2 灰岩瓦斯的涌出逐渐增加,并在工作面推进至 13 m 处达到稳定,基本无明显的高峰出现。第二阶段,工作面推进至 32 m 时,图 4 - 6 中支架工作强度的急剧增加表明了此时复合关键层破断,受其控制的各含瓦斯邻近层随之破断,贯通了其与高抽巷之间的裂隙,走向高抽巷开始大量抽取瓦斯,工作面风排瓦斯量下降至 30 m³/min 以下;工作面推进至 32 m 以后,随着顶板关键层规律性的破断,邻近层卸压瓦斯呈现有规律性的涌出。

4.3 综放面瓦斯高抽巷抽采阶段划分

三矿 K8206 综放面为阳泉矿区第一个面长超过 250 m 的超长综放面,自 2006 年 1 月 2 日开采起,由于抽采工艺系统的性能改变以及地质条件的复杂性,工作面 瓦斯涌出、高抽巷抽采瓦斯等都具有多方面的差异性,因此该工作面瓦斯涌出及抽 采明显可分为 5 个阶段,如图 4-7 及图 4-8 所示。

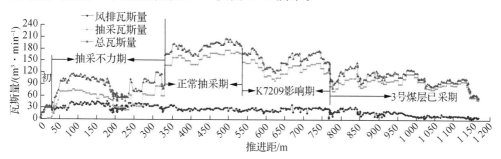

图 4-7 三矿 K8206 综放面风排、抽采瓦斯量及总瓦斯涌出量走势图

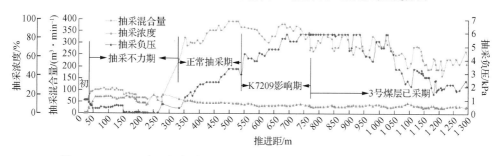

图 4-8 K8206 大采长综放面抽采负压与抽采混合量、抽采浓度之间的关系

第一阶段为工作面初采阶段。在工作面推进 32 m 之前,工作面高抽巷基本上 抽不上瓦斯,风排瓦斯量随工作面推进逐渐上升。

第二阶段为高抽巷抽采瓦斯不力期,工作面推进距离为 32~330 m。该阶段 高抽巷可以抽上瓦斯,但由于受泵站能力限制及管路漏气影响导致抽采效果不佳, 工作面风排瓦斯量较大。

第三阶段为高抽巷正常抽采期,工作面推进距离为 330~533.7 m。该阶段自高抽巷开始正常抽采邻近层瓦斯至工作面推至 3 号煤层下方受到 K7209 工作面采掘巷道影响时,该阶段高抽巷抽采瓦斯量较大,风排瓦斯量有所下降。

第四阶段为 3 号煤层 K7209 工作面采掘巷道影响期。由于该停顿面采掘系统的影响,工作面推至其下方时,由于裂隙的延展,K8206 部分邻近层瓦斯向 K7209 采掘巷道涌出,高抽巷抽采邻近层瓦斯量有所下降,但风排瓦斯量基本不变。该阶段推进距离为 533.7～769.2 m。

第五阶段为 3 号煤层已采期,该阶段推进距离为 769.2 m 至工作面采完。

由于本书第六章的数值模拟内容是基于阳泉矿区 15 号煤层综放面上部煤层未被采动下而完成的,因此本章高抽巷抽采分析只分析前三个阶段,第四、五阶段高抽巷抽放效果由于受 3 号煤层采动影响,故不作分析。

4.4　初采期高抽巷抽采效果分析

图 4-9 为 K8206 大采长综放面初采期风排瓦斯量和抽采瓦斯量走势图。由图 4-9 可知：工作面后高抽巷在工作面推进 19.9 m 之前根本抽不上瓦斯；在工作面推进 19.9 m 时方能抽上 1.63 m³/min 的瓦斯；在工作面推进 32 m 后开始大量抽采瓦斯。后高抽巷几乎没有达到提前抽采邻近层瓦斯的目的。

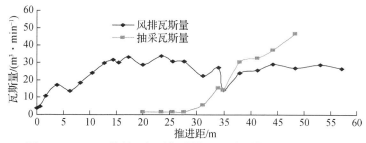

图 4-9　K8206 综放面初采期风排瓦斯量和抽采瓦斯量走势图

图 4-10～图 4-12 为 K8206 大采长综放面初采期抽采瓦斯情况以及走向高抽巷抽采负压与抽采瓦斯量、抽采瓦斯浓度、抽采混合量之间的关系图。

由这 3 幅图可以看出：工作面推进 19.9 m 时，后高抽巷保持 980 Pa 的负压，可以抽出 54.4 m³/min 的气体，但抽出的瓦斯浓度却较低，仅为 25%，这说明此时关键层未发育到含瓦斯邻近层，邻近层瓦斯得不到卸压涌出。待工作面推进 32 m 时，高抽巷抽采瓦斯浓度及抽采瓦斯量开始大量增加，说明此时高抽巷开始大量抽采到邻近层瓦斯。此现象与第 3.3.2 节的分析一致，进一步证明了覆岩结构对邻近层瓦斯涌出的影响。该阶段裂隙尚未完全发育到高抽巷，抽放阻力很大，工作面推进 32 m 后若能适当提高高抽巷的抽放负压，抽放效果可能会好些。

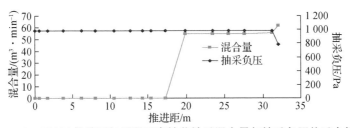

图 4‑10　K8206 综放面初采期后高抽巷抽采混合量与抽采负压关系走势图

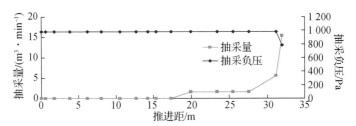

图 4‑11　K8206 综放面初采期后高抽巷抽采瓦斯量与抽采负压关系走势图

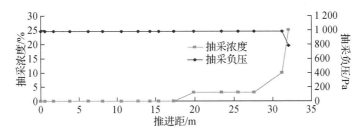

图 4‑12　K8206 综放面初采期后高抽巷抽采瓦斯浓度与抽采负压关系走势图

4.5 抽采不力期走向高抽巷抽采效果分析

工作面度过初采期后,走向高抽巷虽已能抽上瓦斯,但由于受到地面抽采泵站的能力限制和总回风玻璃钢管漏气的影响,走向高抽巷抽采负压一直无法提高,工作面高抽巷的抽采能力受到限制,抽采瓦斯量较小,甚至小于普通采长综放工作面。此阶段可以称作为工作面抽采不力期,工作面推进范围为 32~330 m。工作面推进期间经历了新建泵站、调换玻璃钢管、移动抽放泵代替高抽巷抽采邻近层瓦斯等过程。

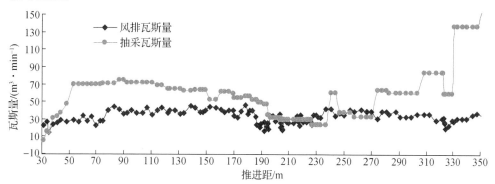

图 4-13 K8206 综放面抽采不力期风排瓦斯量和抽采瓦斯量走势图

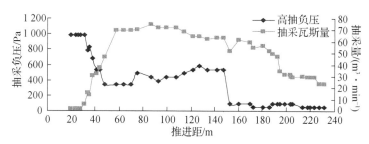

图 4-14 K8206 综放面抽采不力期高抽负压与抽采瓦斯量关系走势图

由图 4-13 和图 4-14 可知:

(1) 该阶段高抽巷抽采瓦斯量在 23.54~84 m³/min 之间。

(2) 工作面度过初采期后,高抽巷抽采瓦斯量在工作面推进至 50 m 处达到一个稳定值。在工作面推进至 85 m 后,工作面风排瓦斯量由 30 m³/min 左右开始增加至 43.8 m³/min 左右,此后工作面风排瓦斯量基本保持在 39 m³/min 左右;而走向高抽巷抽采瓦斯量在工作面推进至 86 m 处有所上升,至 74.9 m³/min 后又开始下降。这说明在工作面推进至 85 m 处,由于上方岩层的继续破断,邻近层卸压瓦斯涌出量增加,但由于高抽巷抽采能力不足,邻近层瓦斯下行,工作面风排瓦斯量增加。

(3) 由于该阶段泵站能力受限及玻璃钢管的漏气影响,高抽巷抽采负压最大才 833 Pa,平均 295 Pa,高抽巷抽放负压偏低,抽放效果不理想。

(4) 合理的高抽负压值应保证具有一定的抽采瓦斯浓度下使瓦斯抽采量达到最大值,达到合理抽采负压后,高抽负压继续增加,抽采混合量增加,但由于抽采到较多的采空区空气,抽采瓦斯浓度降低,总体抽采量将会降低;高抽负压降低,抽采瓦斯浓度升高,但由于抽采混合量降低,总体抽采量也将会降低。对于该阶段 K8206 大采长综放面来讲,由于玻璃钢管的漏气影响,抽采负压的变化同时会引起玻璃钢管漏气量的变化,这就限制了抽采负压的增加,同时由于泵站能力的限制,抽采负压远不能达到合理值,抽采负压仅能在 1 000 Pa 以下的小范围内变化,平均抽采负压仅为 295 Pa,这对于大采长综放面邻近层瓦斯的涌出量来讲是远远不够的。因此,该阶段抽采瓦斯性能很不稳定,造成了高抽巷的抽采不力,引起了邻近层瓦斯向采场空间的涌出,导致了风排瓦斯量的增加。

4.6 抽采正常期走向高抽巷抽采效果分析

图 4-15 为 K8206 大采长综放面抽采正常期风排瓦斯量和抽采瓦斯量走势图,该阶段工作面开采期间,高抽巷抽采瓦斯量平均值为 158.66 m³/min。

图 4-16～图 4-18 为 K8206 大采长综放面抽采正常期高抽巷抽采瓦斯情况以及走向高抽巷抽采负压与抽采瓦斯量、抽采瓦斯浓度、抽采混合量之间的关系。

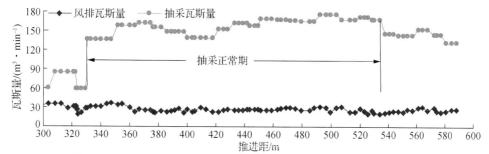

图 4-15　K8206 综放面抽采正常期风排瓦斯量和抽采瓦斯量走势图

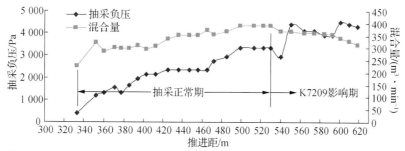

图 4-16　K8206 综放面抽采正常期高抽巷抽采负压与抽采混合量关系走势图

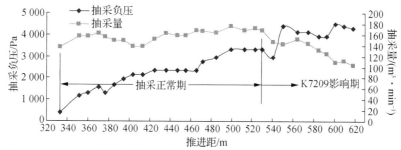

图 4-17　K8206 综放面抽采正常期高抽巷抽采负压与抽采瓦斯量关系走势图

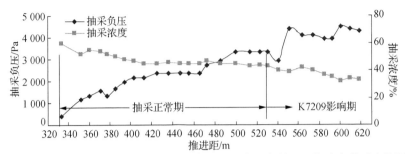

图 4-18 K8206 综放面抽采正常期高抽巷抽采负压与抽采瓦斯浓度关系走势图

由图 4-16～图 4-18 可知：

（1）走向高抽巷抽采正常期间，抽采负压逐渐由 392 Pa 上升到 3 332 Pa，高抽巷的抽采性能有了很大的改善。

（2）走向高抽巷抽采混合量随抽采负压的增加逐渐递增，由 227.76 m³/min 增加到 390.34 m³/min，但工作面的抽采瓦斯浓度却随之不断下降，由 60% 逐渐下降到 44%。同时随着抽采浓度的下降，高抽巷抽采纯瓦斯量在抽采负压增加到 3 000 Pa 时随抽采负压的增加已经变化不大。这说明随着抽采负压的增加，走向高抽巷一方面对邻近层瓦斯的抽采能力增加，另一方面对采空区的控制能力增加，当抽放负压增加到 3 000 Pa 时，高抽巷抽采邻近层的瓦斯量已变化不大，高抽巷的抽采能力已基本达到最大。

4.7　综放面前三阶段走向高抽巷抽采效果对比分析

对 K8206 综放面前三阶段走向高抽巷抽采参数分析可见表 4-1。

表 4-1　K8206 综放面前三阶段走向高抽巷抽采效果对比

阶段	抽采负压/Pa	抽采混合量/($m^3 \cdot min^{-1}$)	抽采浓度/%	抽采瓦斯量/($m^3 \cdot min^{-1}$)	尾巷瓦斯量/($m^3 \cdot min^{-1}$)	尾巷平均浓度/%	供风/($m^3 \cdot min^{-1}$)
初采期	995.32	38.56	16.65	6.42	11.42	1.84	2 542
抽采不力期	295.95	81.89	61.62	50.46	16.95	2.09	2 463
抽采正常期	2 224.6	329.92	47.8	157.7	12.82	2.06	1 865

（1）初采期阶段在工作面推进 32 m 之前，由于复合关键层对主要含瓦斯邻近层的控制，顶板裂隙无法发育到含瓦斯邻近层，邻近层瓦斯得不到卸压涌出，工作面布置的后高抽巷抽不到瓦斯，使得高抽巷抽放效果并不理想。工作面推过 32 m 后高抽巷才大量抽到瓦斯，抽放瓦斯混合量最大达 60 m^3/min，平均浓度 25%，平均瓦斯纯流量 15 m^3/min，但是抽采负压最大仅 1 000 Pa，考虑到初采期顶板裂隙未能完全发育，抽放阻力比较大，可适当提高抽采负压，以达到最优抽放效果。

（2）抽采不力期由于高抽巷的密封不好以及管路的漏气，使得高抽巷的抽放负压一直比较低，未能发挥高抽巷的最优抽放能力——高抽巷的抽采量仅为 50.46 m^3/min，致使该阶段邻近层瓦斯向采场空间的涌出量较大，工作面尾巷排放量达 16.95 m^3/min。该阶段工作面的产量和推进速度都很低。

（3）在高抽巷正常抽采期，高抽巷的抽采负压不断增加，抽采负压平均值达 2 224.6 Pa，高抽巷抽采瓦斯量大幅增加：抽采量平均达 157.7 m^3/min，有效控制了邻近层瓦斯的下行，工作面风排瓦斯量基本为本煤层瓦斯量，尾巷排放量下降为 12.82 m^3/min，降低了该阶段工作面的供风风量。该阶段走向高抽巷已达到了一定的抽采能力，高抽巷的抽采负压合理值在 3 000 Pa 左右。

4.8　本章小结

（1）关键层对上覆岩层的运动起控制作用，同时控制裂隙的动态延展规律。根据理论分析与经验计算，K8206综放面导气裂隙带的最终高度为145 m。

（2）受关键层运动控制，K8206综放面瓦斯涌出呈现两个阶段特征变化：第一阶段，由于控制主要含邻近层瓦斯的复合关键层未破断，顶板裂隙无法发育到含瓦斯邻近层，邻近层瓦斯得不到卸压涌出。第二阶段，32 m以后随着复合关键层规律性破断，受其控制的各含瓦斯邻近层随之破断，贯通了其与高抽巷之间的裂隙，走向高抽巷开始大量抽取瓦斯。

（3）K8206综放面由于抽采工艺系统的性能改变以及地质条件的复杂性，工作面瓦斯涌出、高抽巷抽采瓦斯等都具有多方面的差异性，该工作面瓦斯涌出及高抽巷抽采性能分为五个阶段，本章仅分析前三个阶段。

（4）初采期阶段由于顶板裂隙无法发育到含瓦斯邻近层，邻近层瓦斯得不到卸压涌出，走向高抽巷未能较好地发挥作用。

（5）抽采不力期由于受到地面抽采泵站的能力限制和总回风玻璃钢管漏气的影响，走向高抽巷抽采负压一直无法提高，工作面高抽巷的抽采能力受到限制，抽采瓦斯量较小。

（6）走向高抽巷抽采正常期间，抽采负压逐渐由392 Pa上升到3 332 Pa，高抽巷的抽采性能有了很大的改善，本阶段高抽巷抽采负压合理值在3 000 Pa左右。

5　数值模拟的内容与模型建立

5.1　数值模拟

5.1.1　顶板瓦斯高抽巷破坏过程分析

本书 3.4 节综放面上覆岩层位移规律实证研究对工作面上覆岩层中孔隙、裂隙的发育规律以及上覆盖岩层的移动进行了计算,并结合 K8206 综放面开采监测现状数据,得出的主要结论有:

(1)底鼓是顶板瓦斯高抽巷典型的破坏特征。高抽巷位于采空区后方 80 m 时,断面严重收缩;高抽巷位于采空区后方 140 m 时,断面基本闭合。

(2)高抽巷底鼓过程分为三个阶段:① 缓慢底鼓阶段。高抽巷位于采空区 40 m 前,底鼓量较小。② 剧烈底鼓阶段。高抽巷位于采空区 40～80 m,高抽巷底鼓量显著增加。③ 底鼓闭合阶段。高抽巷位于采空区 80 m 后,底鼓缓慢增加直至巷道基本闭合。

5.1.2　数值模拟的目的与内容

本章将结合第四章中 K8206 综放面卸压瓦斯储运与围岩裂隙演化过程分析的结论,利用 FLUENT 软件对采空区瓦斯运移和浓度分布规律进行数值模拟,目的是找出高抽巷破坏的不同过程中使高抽巷达到最优抽放效果的合理抽放负压,为阳泉矿区解决 15 号煤层上邻近层瓦斯问题提供科学依据。为此,数值模拟将分为三个阶段进行:

(1) 第一阶段,工作面推进距为 40 m 时。此时工作面基本处于初采期,采动裂隙尚未充分发育至高抽巷,工作面主要靠后高抽巷抽出瓦斯,且高抽巷处于缓慢底鼓阶段,底鼓量较小。高抽巷抽放阻力大,理论上需要较高的抽放负压。

(2) 第二阶段,工作面推进距为 80 m 时。此时裂隙已发育至高抽巷,顶板有规律性的破断。工作面后高抽巷仍在发挥作用,且此时随着顶板裂隙的发育,工作面后高抽巷可能与采空区相连通,抽放阻力较小,理论上抽放负压较低。

(3) 第三阶段,工作面推进距为 140 m 时。此时裂隙充分发育,顶板有规律性的破断,上邻近层瓦斯有规律性的涌出。工作面后高抽巷已压实失去作用。此时工作面高抽巷采空区深部断面基本闭合,抽放阻力较大,理论上抽放负压高于第二阶段。

5.2　裂隙带瓦斯运移的理论基础

5.2.1　采动裂隙的多孔介质特性

多孔介质实际上是指由固体物质组成的骨架和由骨架分隔成大量密集成群的微小空隙所构成的物质。多孔介质具有如下特点：

(1) 多相性，即可以同时存在固相、液相和气相或同时存在固相和液相、固相和气相。固相部分称为固体骨架，固体骨架以外部分称为空隙空间。

(2) 在多孔介质所占据的范围内，固体骨架遍布于整个多孔介质中。固体骨架具有很大的比面积，空隙空间的空隙比较狭窄。

(3) 空隙空间的绝大多数空隙是互相连通的，只有少量的空隙是封闭的，流体在连通的空隙中流动。

对于煤矿井下采场的采动裂隙，可以认为：

(1) 将采动裂隙视为一个整体，则它是由气体（瓦斯或瓦斯和空气的混合气体）、煤岩固体岩块以及裂隙组成的。

(2) 采动裂隙中破坏的煤岩块之间的裂隙相对于整个采动裂隙范围是比较狭窄的。

(3) 采动裂隙各岩层或岩块之间的孔隙也形成了连通的区域。

因此，可以认为工作面采空区的采动裂隙具有渗流力学中所描述的多孔介质性质，从而为采空区瓦斯运移分布规律的数值模拟研究提供了强大的理论基础。

5.2.2　多孔介质模型中气体流动的基本方程

CFD模拟研究是为了得到流体流动控制方程的数值解法，它通过时空求解得到所关注的整体流场的数学描述。CFD的基础是建立Navier-Stokes方程，它是由一系列描述流体流动守恒定律的偏微分方程组成的。应用Einstein张量符号，Navier-Stokes方程可书写如下：

$$\frac{\partial \rho}{\partial t}+\frac{\partial \rho u_j}{\partial x_j}=0 \tag{5-1}$$

$$\rho\frac{\partial u_i}{\partial t}+\rho u_j\frac{\partial u_i}{\partial x_j}=-\frac{\partial p}{\partial x_i}+\frac{\partial \sigma_{ji}}{\partial x_j} \tag{5-2}$$

$$\rho\frac{\partial H}{\partial t}+\rho u_j\frac{\partial H}{\partial x_j}=\frac{\partial p}{\partial t}+\frac{\partial(\sigma_{ji}u_i-q_j)}{\partial x_j} \tag{5-3}$$

式中，t 是时间，x 是位置，u 是速度（所有分量），ρ 是密度，p 是压力，H 是总焓，σ 是黏性应力张量，q 是热通量。

为了模拟采空区混合气体在工作面后方的运移，模型必须像对一种气体的守恒方程那样，对质量和动量的守恒方程进行求解。

质量守恒方程，或称连续性方程，可表示如下：

$$\frac{\partial \rho}{\partial t}+\nabla\cdot(\rho\vec{v})=S_m \tag{5-4}$$

式（5-4）是质量守恒方程的常规形式，它对不可压缩流体和压缩流体都是适用的。源 S_m 是从分散次生相和任何其他用户自定义的源加在连续相上的质量。

动量守恒方程在一个惯性参照系（没加速度）内可表示如下：

$$\frac{\partial}{\partial t}(\rho\vec{v})+\nabla\cdot(\rho\vec{v}\vec{v})=-\nabla p+\nabla\cdot(\bar{\bar{\tau}})+\rho\vec{g}+\vec{F} \tag{5-5}$$

式中，p 是静压力，$\bar{\bar{\tau}}$ 是应力张量，而 $\rho\vec{g}$ 和 $\vec{F}$ 分别是重力体力和外部体力。$\vec{F}$ 同样包含其他附属于模型的源，如多相介质和用户自定义源。

以下给出应力张量 $\bar{\bar{\tau}}$：

$$\bar{\bar{\tau}}=\mu\left[(\nabla\vec{v}+\nabla\vec{v}^T)-\frac{2}{3}\nabla\cdot\vec{v}\vec{I}\right] \tag{5-6}$$

式中，μ 是分子黏度，$\vec{I}$ 是单位向量，右首第二项代表体积膨胀的影响。

在研究中，采空区被看作是多孔介质，相对于标准的流体流动方程，附加了动量源进行模拟。此源由两部分组成：黏滞损失项[式（5-7）右首第一项]和惯性损失项[式（5-7）右首第二项]。

$$S_i=\left(\sum_{j=1}^3 D_{ij}\mu v_j+\sum_{j=1}^3 C_{ij}\frac{1}{2}\rho v_{mag}v_j\right) \tag{5-7}$$

式中，S_i 是第 i 个（x、y 或 z）动量方程的源，而 D 和 C 是预定义的矩阵。该动量的减弱将有利于孔隙单元中压力梯度的产生，所引起的压力降与单元中的流动速度（或速度平方）成比例。对单一的各向同性多孔介质有：

$$S_i = -\left(\frac{\mu}{\alpha}v_i + C_2 \frac{1}{2}\rho v_{mag} v_j\right) \tag{5-8}$$

式中，α 是渗透率，C_2 是惯性阻力因子。

在多孔介质层流中，压力降一般与速度成比例，而常量 C_2 可被认为等于 0。忽略对流加速度和扩散，可用 Darcy 定律简化多孔介质模型：

$$\nabla p = -\frac{\mu}{\alpha}\vec{v} \tag{5-9}$$

在孔隙区域三个坐标轴（x、y、z）方向的压力降为：

$$\Delta p_x = \sum_{j=1}^{3} \frac{\mu}{\alpha_{xj}} v_j \Delta n_x \tag{5-10}$$

$$\Delta p_y = \sum_{j=1}^{3} \frac{\mu}{\alpha_{yj}} v_j \Delta n_y \tag{5-11}$$

$$\Delta p_z = \sum_{j=1}^{3} \frac{\mu}{\alpha_{zj}} v_j \Delta n_z \tag{5-12}$$

式中，$1/\alpha_{ij}$ 是矩阵 $\mathbf{D}$ 中的项，v_j 是在 x、y 和 z 方向的速度分量，Δn_x、Δn_y 和 Δn_z 是孔隙区域在 x、y 和 z 方向的厚度。

采空区气体运移的主控因素有：由于浓度梯度、热梯度造成的分子扩散，以及由于压力梯度造成的黏性流或质量流。根据 Fick 定律，扩散的发生如下：

$$J_i = \rho D_{im}\frac{\partial X_i}{\partial x_i} - \frac{D_i^T}{T}\frac{\partial T}{\partial x_i} \tag{5-13}$$

式中，J_i 是第 i 种气体的扩散流量，它是由浓度梯度、热梯度引起的；ρ 是密度；D_i^T 是热扩散系数；D_{im} 是混合气体的扩散系数；X_i 是气体 i 的质量分数；T 是温度。在非稀薄的混合气体中，由于局部混合气体组成的变化而造成的 D_{im} 的变化可计算如下：

$$D_{im} = \frac{1-Y_i}{\sum_{j,j\neq i}\frac{Y_j}{D_{ij}}} \tag{5-14}$$

式中，D_{ij} 是对气体 j 中气体组分 i 的二元的质量扩散，而 Y_i 是气体 i 的摩尔分数。对于非稀薄气体，式（5-13）可用多组分的扩散公式代替：

$$J_i = \rho\frac{M_i}{M_{mix}}\sum_{j,j\neq i}D_{ij}\left(\frac{\partial X_j}{\partial x_i} + \frac{X_j}{M_{mix}}\frac{\partial M_{mix}}{\partial x_i}\right) - \frac{D_i^T}{T}\frac{\partial T}{\partial x_i} \tag{5-15}$$

式中，M_i 是气体 i 的分子量，M_{mix} 是混合气体的分子量，D_{ij} 是气体 j 中气体组分 i

的多组分扩散系数。

以上分析了建立采空区气体流动模型的基本方程及其原理,在确定模型的边界条件后,可以运用数值解法求其解析解,即可得到采空区瓦斯流动及分布规律。

5.2.3 采动裂隙煤、岩体的碎胀系数

按照顶板下沉情况和冒落物碎胀特点,一般可将采空区冒落情况分为三个区域,即压实区、自然碎胀区和承压碎胀区,其区域空间分布如椭抛带结构(如图5-1)。相关资料表明:压实区和自然碎胀区的破碎煤、岩体的碎胀系数基本为定值,其大小可参照表5-1取值。承压碎胀区的碎胀系数则介于压实区和自然碎胀区之间。

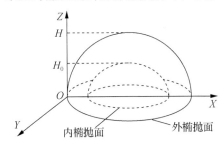

图 5-1 采动裂隙椭抛带结构示意图

表 5-1 煤、岩体的碎胀系数

岩石名称	砂	黏土	碎煤	黏土页岩	砂质页岩	砂岩
压实区	1.05~1.15	<1.2	<1.2	1.4	1.5~1.8	1.5~1.8
自然碎胀区	1.01~1.03	1.03~1.07	1.05	1.1	1.1~1.15	—

大量研究结果表明,采动裂隙椭抛带内煤、岩体碎胀系数在内、外椭抛面两个值之间呈指数变化。采空区内、外椭抛面破碎煤、岩体的碎胀系数可由公式(5-16)计算得出。

$$K_p = \frac{m_1 K_{pc} + \sum h_i K_{pi}}{m_1 + \sum h_i} \qquad (5-16)$$

式中:

K_{pc}——采空区内遗煤的碎胀系数;

m_1——采空区遗煤的厚度(m);

K_{pi}——采空区内 i 岩的碎胀系数;

h_i——采空区内 i 岩的高度(m)。

对于三矿 K8206 工作面采动裂隙带的内抛物面,K_{fx} 取值 1.05;泥岩的碎胀系数 K_p 取值 1.05。经计算,压实区碎胀系数 K_p 约为 1.1。

采动裂隙带的外椭抛面,K_{fx} 取值 1.1;泥岩的碎胀系数 K_p 取值 1.5。经计算,采动裂隙带的外抛面破碎煤、岩体的碎胀系数 K_p 为 1.57。

因此,工作面的压实区内破碎煤、岩的碎胀系数为 1.1,采动裂隙带内破碎煤、岩体的碎胀系数在 1.1~1.57 之间变化。

5.2.4 采动裂隙带内的渗透率

采动裂隙带内的渗透率大小主要由破碎煤、岩体的碎胀系数所决定,其计算采用式(5-17)。

$$e = \frac{D_m^2}{150} \frac{n^3}{(1-n)^2} \qquad (5-17)$$

式中:

D_m——平均调和粒径,取 0.014~0.016 m;

n——多孔介质孔隙率,$n=1-1/K_p$;

K_p——破碎煤、岩体的碎胀系数。

由 5.2.3 节可知,K8206 工作面压实区内破碎煤、岩体的碎胀系数为 1.1,采动裂隙带内破碎煤、岩体的碎胀系数在 1.1~1.57 之间变化。经计算,压实区及采动裂隙带内 n、e 的取值如表 5-2 所示。

表 5-2　压实区及采动裂隙带内的渗透率大小

参数	压实区	采动裂隙带
n	0.091	0.091~0.36
e/m^2	1.2×10^{-9}	1.2×10^{-9}~1.53×10^{-7}

表 5-2 已经给出了采空区压实区与采动裂隙带内的渗透率的范围,现进一步

建立采空区渗透率的三维控制方程。根据钱鸣高院士采空区的 O 形圈理论和表 5-2 中的数据,取阳泉三矿 K8206 工作面的走向长度为 252 m,工作面倾斜长度为 140 m,将渗透率拟合为如下函数:

$$e(x,y,z)=1.2\times10^{-9}\exp\left\{4.848\ 1\exp(0.015\ 1z)\left[\frac{(x-70)^2}{10\ 816}+\frac{(y-126)^2}{90\ 000}\right]\right\}$$

$$(5-18)$$

(1) 当 $z=0$ m 时,即模型中采空区底板的平面上,渗透率 e 是 x,y 的函数,公式如下:

$$e(x,y)=1.2\times10^{-9}\exp\left\{4.848\ 1\left[\frac{(x-70)^2}{10\ 816}+\frac{(y-126)^2}{90\ 000}\right]\right\} \quad (5-19)$$

(2) 当 $z=70$ m 时,渗透率 e 公式如下:

$$e(x,y)=1.2\times10^{-9}\exp\left\{13.951\left[\frac{(x-70)^2}{10\ 816}+\frac{(y-126)^2}{90\ 000}\right]\right\} \quad (5-20)$$

5.2.5　瓦斯质量源相

根据阳泉三矿 K8206 工作面高抽巷所在层位及瓦斯赋存规律,本次数值模拟瓦斯源相设置分为三部分:① 第一部分是综放工作面 15 号煤层采空区遗煤,取遗煤厚度 1.05 m,15 号煤层原始瓦斯含量为 7.13 m³/t。② 第二部分是介于工作面与高抽巷层位之间的 13 号煤层、12 号煤层及 11 号煤层。13 号煤层厚 0.15 m,原始瓦斯含量为 17.79 m³/t;12 号煤层厚 1.6 m,原始瓦斯含量为 14.75 m³/t;11 号煤层厚 0.3 m,原始瓦斯含量为 15.64 m³/t。③ 第三部分为高抽巷所在层位以上部分。限于模型尺寸关系,本次模拟将高抽巷所在的 11 号煤层以上的 8 号煤层、5 号煤层及 3 号煤层作一整体煤层处理,取整体煤层厚度 3 m,瓦斯含量取 25 m³/t;不考虑 K_2 灰岩、K_3 灰岩及 K_4 灰岩的瓦斯涌出。

描述采空区三维渗透率分布与采空区瓦斯涌出源相编辑后,通过 FLUENT 软件的外挂界面挂接,与 FLUENT 软件主解算功能模块一起,完成采空区气体运移质量的释放。

5.3　数值分析模型的建立

5.3.1　分析模型的简化

根据数值模拟的目的与内容,在建模的过程中,必须对模型进行必要的简化,将主要因素计入模型,忽略次要的因素,因此对模型进行如下简化:

(1) 阳泉矿区 15 号煤层倾角为 5°～10°,煤层倾角不大,属缓倾斜煤层,将煤层(岩层)简化为水平情况进行处理。

(2) 根据工程实测,K8206 工作面顶板岩石冒落角为 67°,本次模拟工作面采空区的垮落角取 67°。

(3) 在建模中,认为采空区是不漏风的,即将 U 型通风方式简化为一源一汇,将"U+I+高抽巷"型通风方式简化为一源三汇。

5.3.2　分析模型的建立

根据 5.1 节数值模拟的目的与内容,建立数值模拟分析模型。

(1) 第一阶段:工作面推进距为 40 m 时,模型主体与网格的划分

数值模拟分析模型的具体参数如下:计算区域为长 252 m、宽 40 m、高 70 m 的六面体。采煤工作面的体积为 3 m×4.5 m×252.2 m,进、回风顺槽的体积为 3 m×4.5 m×20 m,内错尾巷的体积为 2 m×2 m×20 m,内错尾巷相对于工作面回风顺槽的水平距离、垂直距离分别为 20 m、6 m,深入采空区 1 m,后高抽巷的体积为 2 m×2 m×50 m,高抽巷相对于工作面回风顺槽的水平距离、垂直距离均为 60 m。此阶段只有后高抽巷发挥作用。利用 GAMBIT 建立工作面三维模型,将坐标原点定在模型底面左后侧的顶点,如图 5-2 所示。

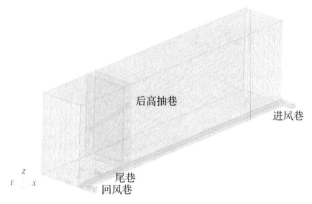

图 5-2 工作面推进距为 40 m 时通风模型

(2) 第二阶段:工作面推进距为 80 m 时,模型主体与网格的划分

数值模拟分析模型的具体参数如下:计算区域为长 252 m、宽 80 m、高 70 m 的六面体。采煤工作面的体积为 3 m×4.5 m×252.2 m,进、回风顺槽的体积为 3 m×4.5 m×20 m,内错尾巷的体积为 2 m×2 m×20 m,内错尾巷相对于工作面回风顺槽的水平距离、垂直距离分别为 20 m、6 m,深入采空区 1 m,后高抽巷的体积为 2 m×2 m×60 m,高抽巷的体积为 2 m×2 m×30 m,高抽巷相对于工作面回风顺槽的水平距离、垂直距离均为 60 m。此阶段在高抽巷发挥作用下,还有部分后高抽巷发挥作用。利用 GAMBIT 建立工作面三维模型,将坐标原点定在模型底面左后侧的顶点,如图 5-3 所示。

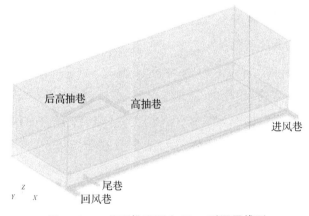

图 5-3 工作面推进距为 80 m 时通风模型

（3）第三阶段：工作面推进距为 140 m 时，模型主体与网格的划分

数值模拟分析模型的具体参数如下：计算区域为长 252 m、宽 140 m、高 70 m 的六面体。采煤工作面的体积为 3 m×4.5 m×252.2 m，进、回风顺槽的体积为 3 m×4.5 m×20 m，内错尾巷的体积为 2 m×2 m×20 m，内错尾巷相对于工作面回风顺槽的水平距离、垂直距离分别为 20 m、6 m，深入采空区 1 m，高抽巷的体积为 2 m×2 m×90 m，高抽巷相对于工作面回风顺槽的水平距离、垂直距离均为 60 m。此阶段高抽巷发挥作用。利用 GAMBIT 建立工作面三维模型，将坐标原点定在模型底面左后侧的顶点，如图 5-4 所示。

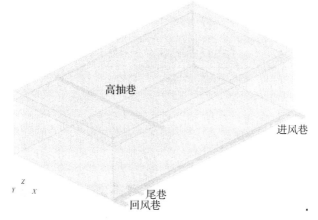

图 5-4　工作面推进距为 140 m 时通风模型

5.3.3　边界条件

（1）第一阶段：工作面推进距为 40 m 时的边界条件

为了模拟高抽巷在不同抽放负压下的抽放效果，将进风巷边界条件设置为 Pressure-inlet，进风巷氧气浓度为 21%，回风巷、尾巷、高抽巷边界条件设置为 Pressure-outlet。定义不同的高抽巷抽放负压，考察不同负压下高抽巷的抽放效果。高抽巷抽放负压值来源于现场实测及相似采面条件的推测。不同的抽放负压如表 5-3 所示，将采空区定义为多孔介质区域。

表 5-3　各个巷道的边界条件

类别	进风巷	回风巷	尾巷	高抽巷		
压强/Pa	0	-50	-100	-1 500	-3 000	-3 500

（2）第二阶段：工作面推进距为 80 m 时的边界条件

为了模拟高抽巷在不同抽放负压下的抽放效果，将进风巷边界条件设置为 Pressure-inlet，进风巷氧气浓度为 21%，回风巷、尾巷、高抽巷边界条件设置为 Pressure-outlet。定义不同的高抽巷抽放负压，考察不同负压下高抽巷的抽放效果。高抽巷抽放负压值来源于现场实测及相似采面条件的推测。不同的抽放负压如表 5-4 所示，将采空区定义为多孔介质区域。

表 5-4　各个巷道的边界条件

类别	进风巷	回风巷	尾巷	高抽巷		
压强/Pa	0	-50	-108	-600	-1 000	-1 500

（3）第三阶段：工作面推进距为 140 m 时的边界条件

为了模拟高抽巷在不同抽放负压下的抽放效果，将进风巷边界条件设置为 Pressure-inlet，进风巷氧气浓度为 21%，回风巷、尾巷、高抽巷边界条件设置为 Pressure-outlet。定义不同的高抽巷抽放负压，考察不同负压下高抽巷的抽放效果。高抽巷抽放负压值来源于现场实测及相似采面条件的推测。不同的抽放负压如表 5-5 所示，将采空区定义为多孔介质区域。

表 5-5　各个巷道的边界条件

类别	进风巷	回风巷	尾巷	高抽巷		
压强/Pa	0	-41	-93	-2 440	-2 940	-3 690

5.4　本章小结

（1）结合第 4 章 K8206 综放面卸压瓦斯储运与围岩裂隙演化过程分析的结论，将数值模拟分为三个阶段。

（2）根据阳泉三矿 K8206 工作面高抽巷所在层位及瓦斯赋存规律，数值模拟瓦斯源相设置分为三部分。

（3）根据数值模拟阶段划分，对不同阶段建立分析模型及边界条件。

6 瓦斯高抽巷合理抽放负压数值模拟研究

本章将结合 5.1.2 节对阳泉三矿 K8206 工作面高抽巷破坏阶段的划分,对不同抽放负压条件下高抽巷抽放效果进行模拟分析,研究在不同阶段为达到高抽巷最优抽放效果的负压值。

6.1 工作面推进距为 40 m 时不同抽放负压条件下的数值模拟

本节模拟在工作面推进距为 40 m 时,高抽巷处于缓慢底鼓阶段,高抽巷抽放效果随抽放负压变化的情况。由于本阶段不同抽放负压下的抽放效果图区别很小,并且受篇幅所限,本节仅列出在高抽巷抽放负压为 3 000 Pa 时的效果云图。不同抽放负压下的抽放效果如表 6-1 所示。

表 6-1 推进距为 40 m 时不同抽放负压下抽放效果表

负压 /Pa	高抽巷			回风巷			尾巷			总进风 /(m³· min⁻¹)
	混合流量 /(m³· min⁻¹)	浓度 /%	纯流量 /(m³· min⁻¹)	混合流量 /(m³· min⁻¹)	浓度 /%	纯流量 /(m³· min⁻¹)	混合流量 /(m³· min⁻¹)	浓度 /%	纯流量 /(m³· min⁻¹)	
1 500	116.4	88	102.43	1 830	0.83	15.19	780	2.7	21.06	2 623.97
3 000	138.6	84	116.42	1 818	0.81	14.73	762	2.4	18.29	2 602.17
3 500	163.0	81	132.03	1 818	0.74	13.45	738	2.2	16.24	2 586.97

在 Z 轴方向上取 $Z=1$ m 且 $X=60$ m,$Z=7$ m,$Z=61$ m 平面,分别表征采空区、内错尾巷与高抽巷所在的面,如图 6-1~图 6-5 所示。进风巷、回风巷、内错尾巷、高抽巷与工作面的位置在图中已标出。

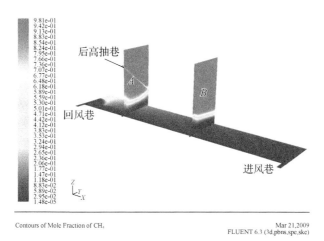

图 6-1　工作面推进距为 40 m 时采空区瓦斯浓度等值线云图

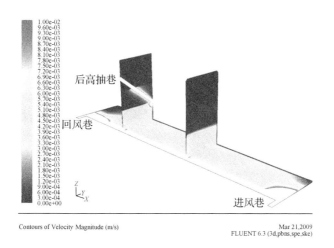

图 6-2　工作面推进距为 40 m 时采空区瓦斯运移速度等值线云图

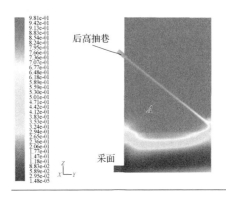

Contours of Mole Fraction of CH₄

Mar 21,2009
FLUENT 6.3 (3d,pbns,spe,ske)

图 6-3　工作面推进距为 40 m 时后高抽巷瓦斯浓度等值线云图

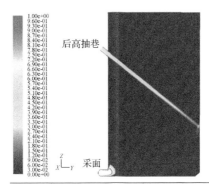

Contours of Velocity Magnitude (m/s)

Mar 21,2009
FLUENT 6.3 (3d,pbns,spe,ske)

图 6-4　工作面推进距为 40 m 时后高抽巷速度等值线云图

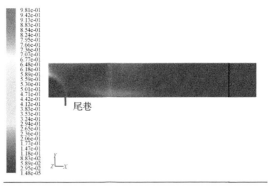

Contours of Mole Fraction of CH₄

Mar 21,2009
FLUENT 6.3 (3d,pbns,spe,ske)

图 6-5　工作面推进距为 40 m 时尾巷瓦斯浓度等值线云图

(1) 由图 6-1 和图 6-2 可知：① 在采空区垂直高度上,采空区瓦斯浓度随高度的增加而增加,范围为 2.95%～89.6%,后高抽巷所在层位瓦斯浓度范围为 47.2%～85.2%,瓦斯浓度比较高,说明顶板裂隙尚未完全发育至后高抽巷。后高抽巷所在层位 A 与普通层位 B 相比,瓦斯浓度比普通层位 B 要低,运移速度比普通层位 B 要高,说明后高抽巷起到了抽放上邻近层瓦斯的作用。② 在采空区水平面上,在走向方向上,从工作面到采空区深处,瓦斯浓度逐渐升高,瓦斯流速是逐渐降低的;在倾斜方向上,从进风隅角到回风隅角,瓦斯浓度也是逐渐升高的。

(2) 仔细分析图 6-3 和图 6-4,由于后高抽巷的抽放作用,在后高抽巷尾部层位上,靠近工作面及后高抽巷尾部瓦斯浓度比中部要低,瓦斯浓度曲线形成"U"字形;靠近工作面一侧由于风流的作用及采动裂隙发育的原因使得瓦斯浓度比同垂高的中部瓦斯浓度低,在后高抽巷尾部由于高抽巷抽放作用使得瓦斯浓度比中部要低。

(3) 高抽巷不同负压下工作面安全情况及高抽巷抽放效果如表 6-1 所示。由表可知:工作面初采期由于裂隙未能较好地发育,高抽巷抽放流量偏低,在模拟最高负压 3 500 Pa 下混合最高流量仅为 163 m³/min;工作面安全条件也不好,除了在最高抽放负压 3 500 Pa 下回风巷瓦斯浓度未达到 0.75%,其他模拟条件下均超过 0.75%,且尾巷瓦斯浓度基本都超限。对比不同抽放负压下高抽巷抽放效果及工作面安全条件情况,K8206 大采长工作面初采期高抽巷最优抽放负压为 3 500 Pa 左右。

(4) 对比 4.4 节初采期高抽巷抽采效果分析可知,提高初采期抽放负压对改变高抽巷抽放效果是很明显的:初采期在高抽巷抽放负压为 1 000 Pa 下,高抽巷抽放的瓦斯流量最大达 60 m³/min,浓度 25%,瓦斯纯流量 15 m³/min,而在模拟中适当提高高抽巷抽放负压后,高抽巷抽放的瓦斯无论是浓度还是纯流量都有大幅度的提高。

6.2 工作面推进距为 80 m 时不同抽放负压条件下的数值模拟

本节模拟在工作面推进距为 80 m 时,高抽巷处于剧烈底鼓阶段,还有部分后高抽巷发挥作用,高抽巷抽放效果随抽放负压变化的情况。由于不同抽放负压下的抽放效果图区别很小,在图上很难区分,并且受篇幅所限,因此本节仅列出在高抽巷抽放负压为 1 000 Pa 时的效果云图。不同抽放负压下的抽放效果如表 6 - 2 所示。

表 6 - 2 推进距为 80 m 时不同抽放负压下抽放效果表

负压 /Pa	高抽巷			回风巷			尾巷			总进风 /(m³·min⁻¹)
	混合流量 /(m³·min⁻¹)	浓度 /%	纯流量 /(m³·min⁻¹)	混合流量 /(m³·min⁻¹)	浓度 /%	纯流量 /(m³·min⁻¹)	混合流量 /(m³·min⁻¹)	浓度 /%	纯流量 /(m³·min⁻¹)	
600	204	68.1	138.92	1 638	0.63	10.32	816	2.3	18.77	2 519.07
1 000	240	61	146.4	1 626	0.61	9.92	792	2.2	17.42	2 511.6
1 500	264	52	137.28	1 602	0.62	9.93	812	2.5	20.30	2 540.72

在 Z 轴方向上取 $Z=1$ m 且 $X=60$ m,$Z=7$ m,$Z=61$ m 平面,分别表征采空区、内错尾巷与高抽巷所在的面,如图 6 - 6～图 6 - 10 所示。进风巷、回风巷、内错尾巷、高抽巷与工作面的位置在图中已标出。

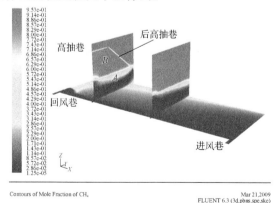

图 6 - 6 工作面推进距为 80 m 时采空区瓦斯浓度等值线云图

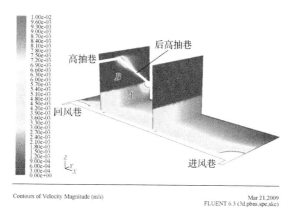

图 6－7　工作面推进距为 80 m 时采空区瓦斯运移速度等值线云图

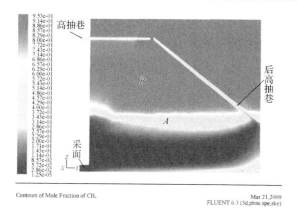

图 6－8　工作面推进距为 80 m 时高抽巷瓦斯浓度等值线云图

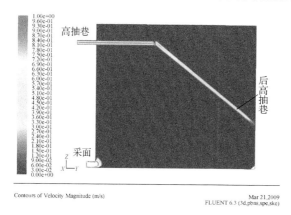

图 6－9　工作面推进距为 80 m 时后高抽巷速度等值线云图

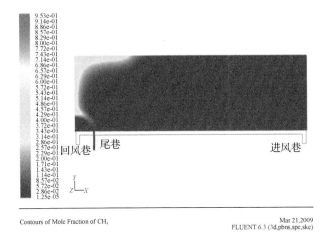

Contours of Mole Fraction of CH₄   Mar 21,2009
FLUENT 6.3 (3d,pbns,spe,ske)

图 6-10　工作面推进距为 80 m 时尾巷瓦斯浓度等值线云图

(1) 由图 6-6 和图 6-7 可知:① 在采空区垂直高度上,采空区瓦斯浓度随高度的增加而增加,范围为 2.86％～91.3％,高抽巷及后高抽巷所在层位瓦斯浓度范围为 14.3％～68.6％,比推进距为 40 m 时后高抽巷所在层位瓦斯浓度要低,说明在推进距为 80 m 时裂隙已较好地发育至高抽巷,高抽巷能较好地发挥作用。在采空区垂直高度上,采空区瓦斯运移速度随着高度的增加而减小,说明采动裂隙是逐渐向上发育的,在推进距为 80 m 时,冒落带高度为自底板以上 25 m 左右,如图 6-7、图 6-8 所示。裂隙带高度为自底板以上 48 m 左右,如图 6-7、图 6-8 所示。② 在采空区水平面上,在走向方向上,从工作面到采空区深处,瓦斯浓度逐渐升高,瓦斯流速是逐渐降低的;在倾斜方向上,从进风隅角到回风隅角,瓦斯浓度也是逐渐升高的。

(2) 由表 6-2 可知,在工作面推进距为 80 m 时,随着抽放负压的提高,高抽巷抽放的混合流量在不断增加,但是抽放瓦斯浓度却在下降,在抽放负压上升到 1 500 Pa 时瓦斯浓度仅为 52％,说明此时高抽巷抽放到较多的非瓦斯气体。同时仔细分析图 6-8 及图 6-9 可发现,在后高抽巷尾部抽放的瓦斯浓度较低,仅为 31.4％,说明此时后高抽巷已与采空区相连通,单纯依靠提高抽放负压来改善高抽巷抽放效果并不可行。此阶段高抽巷理想的抽放负压为 1 000 Pa 左右。

(3) 工作面推进距为 80 m 时,高抽巷在不同负压下工作面安全情况好于初采期工作面推进距为 40 m 时。由表 6-2 可知:不同抽放负压下工作面回风巷瓦斯浓度均未超限,但是尾巷瓦斯浓度仍然较高。

(4) 对比 4.5 节抽采不力期高抽巷抽采效果分析可知,提高初采期抽放负压对改善高抽巷抽放效果是很明显的:抽采不力期在高抽巷平均抽放负压 295 Pa 下,高抽巷抽放的混合量为 81.89 m³/min,瓦斯浓度为 61.62%,瓦斯纯流量为 50.46 m³/min,工作面风排瓦斯量达到 50 m³/min;而在适当提高高抽巷抽放负压后,高抽巷抽放的瓦斯无论是浓度还是纯流量都有大幅度的提高,工作面风排瓦斯量也大幅度下降,保证了工作面安全生产。

6.3 工作面推进距为 140 m 时不同抽放负压条件下的数值模拟

本节模拟在工作面推进距为 140 m 时,高抽巷处于底鼓闭合阶段,高抽巷抽放效果随抽放负压变化的情况。由于不同抽放负压下的抽放效果图区别很小,在图上很难区分,并且受篇幅所限,本节仅列出在高抽巷抽放负压为 2 940 Pa 时的效果云图。不同抽放负压下的抽放效果如表 6-3 所示。

表 6-3 推进距为 140 m 时不同抽放负压下抽放效果表

负压 /Pa	高抽巷			回风巷			尾巷			总进风 /(m³·min⁻¹)
	混合流量 /(m³·min⁻¹)	浓度 /%	纯流量 /(m³·min⁻¹)	混合流量 /(m³·min⁻¹)	浓度 /%	纯流量 /(m³·min⁻¹)	混合流量 /(m³·min⁻¹)	浓度 /%	纯流量 /(m³·min⁻¹)	
2 440	299.2	60.2	180.12	1 220.1	0.80	9.76	588.6	2.3	13.54	1 927.78
2 940	322.4	50.6	163.03	1 180.8	0.78	9.21	612.3	2.2	13.47	1 915.17
3 690	361.2	39	140.87	1 140.6	0.82	9.35	566.4	2.5	14.16	1 927.33

在 Z 轴方向上取 $Z=1$ m 且 $X=60$ m,$Z=7$ m,$Z=61$ m 平面,分别表征采空区、内错尾巷与高抽巷所在的面,如图 6-11~图 6-15 所示。进风巷、回风巷、内错尾巷、高抽巷与工作面的位置在图中已标出。

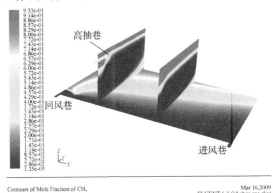

图 6-11 工作面推进距为 140 m 时采空区瓦斯浓度等值线云图

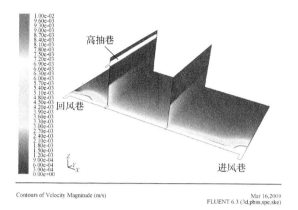

Contours of Velocity Magnitude (m/s)   Mar 16,2009
                                                        FLUENT 6.3 (3d,pbns,spe,ske)

图 6 - 12   工作面推进距为 140 m 时采空区瓦斯运移速度等值线云图

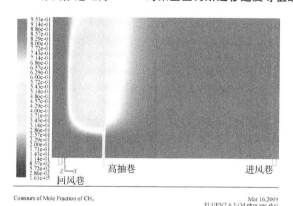

Contours of Mole Fraction of CH₄   Mar 16,2009
                                                        FLUENT 6.3 (3d,pbns,spe,ske)

图 6 - 13   工作面推进距为 140 m 时高抽巷瓦斯浓度等值线云图

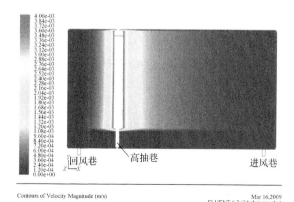

Contours of Velocity Magnitude (m/s)   Mar 16,2009
                                                        FLUENT 6.3 (3d,pbns,spe,ske)

图 6 - 14   工作面推进距为 140 m 时高抽巷速度等值线云图

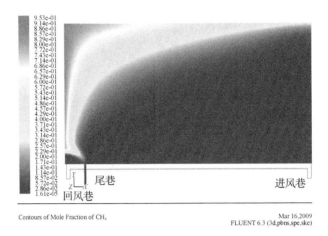

Contours of Mole Fraction of CH₄

Mar 16,2009
FLUENT 6.3 (3d,pbns,spe,ske)

图 6‑15   工作面推进距为 140 m 时尾巷瓦斯浓度等值线云图

（1）由图 6‑11 和图 6‑12 可知：① 在采空区垂直高度上,采空区瓦斯浓度随高度的增加而增加,范围为 5.72%～90.2%,高抽巷所在层位以下瓦斯浓度范围为8.57%～57.2%,瓦斯浓度都比较小,说明离层裂隙已充分发育至高抽巷,高抽巷抽放效果比较好,能较好地抽出上邻近层瓦斯。② 在采空区水平面上,在走向方向上,从工作面到采空区深处,瓦斯浓度逐渐升高,瓦斯流速是逐渐降低的;在倾斜方向上,从进风隅角到回风隅角,瓦斯浓度也是逐渐升高的。

（2）由表 6‑3 可知,在工作面推进距为 140 m 时,由于离层裂隙充分发育至高抽巷,不同负压下高抽巷抽放瓦斯量均明显高于工作面推进距为 40 m 和 80 m 时。此阶段随着抽放负压的提高,高抽巷抽放的混合流量在不断增加,但是抽放瓦斯浓度却在下降,在抽放负压上升到 3 690 Pa 时,虽然混合量很高,达到 361.2 m³/min,但瓦斯浓度偏低,仅为 39%,说明此时采空区向高抽巷严重漏风,高抽巷抽放负压偏高,此阶段高抽巷合理抽放负压为 2 500～3 000 Pa,与 4.6 节抽采正常期走向高抽巷抽采效果分析结果相吻合。

6.4　正常抽采期高抽巷抽放效果分析

由 5.3.2 节分析模型建立可知,在正常抽采期高抽巷深入工作面采空区深度为 90 m,本阶段高抽巷合理抽放负压为 2 500～3 000 Pa。6.3 节图 6‑11～图 6‑15 显示的是抽放负压为 2 940 Pa 时高抽巷抽放效果图,因此可代表实际高抽巷抽放负压情况。现从图 6‑11～图 6‑15 中提取高抽巷深入采空区不同深度时高抽巷抽放效果值,整理成曲线图,如图 6‑16～图 6‑18 所示。

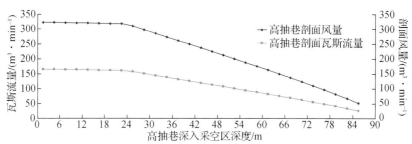

图 6‑16　高抽巷深入采空区不同深度瓦斯抽放流量曲线图

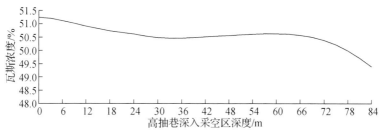

图 6‑17　高抽巷深入采空区不同深度抽放瓦斯浓度图

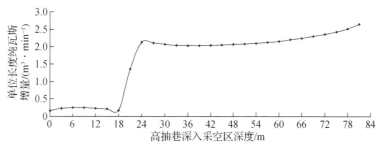

图 6‑18　单位长度高抽巷抽放瓦斯量变化曲线图

（1）由图 6-16 可知，在高抽巷深入采空区深部 24 m 前，高抽巷抽放瓦斯混合量及纯流量基本无变化，结合图 6-18 可知，单位长度高抽巷抽放瓦斯纯流量增量为 0.21 m³/min 左右；在高抽巷由深入采空区深部 90 m 至采空区 24 m 过程中，高抽巷抽放的瓦斯混合流量和纯流量随着高抽巷由深部向外发展是逐渐增大的，说明高抽巷在抽放瓦斯，结合图 6-18 可知，单位长度高抽巷抽放瓦斯纯流量在 2 m³/min 左右。

（2）由图 6-17 可知，正常抽采期间高抽巷抽放瓦斯浓度平均在 50.6% 左右；在高抽巷深入采空区 24 m 前，抽放瓦斯浓度随深入采空区深度的增加而下降；深入采空区 24 m 以后，在采空区中部 60 m 左右瓦斯浓度小幅度上扬，但在 60 m 以后瓦斯浓度一直下降，将近 90 m 时下降到 49.5% 左右。

（3）进一步分析上述曲线产生的原因，在采动顶板岩石冒落过程中，由于顶板岩石不是垂直冒落，而是沿着一定的角度冒落，根据工程经验数据 K8206 顶板岩石冒落角为 67°，因此在冒落线右上方必然存在未卸压区域，如图 6-19 所示，该区域长度为 25 m 左右，在冒落线左下方是岩石冒落裂隙区域，区域长度为 65 m 左右。因此，可以解释图 6-16 及图 6-18 中为什么高抽巷深入采空区 24 m 前瓦斯流量为直线的原因。

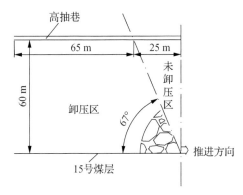

图 6-19　K8206 高抽巷抽放瓦斯布置剖面图

6.5 模拟效果检验

在高抽巷抽采正常期,高抽巷抽放负压可以合理调节。由 4.6 节抽采正常期走向高抽巷抽采效果分析可知,在抽采正常期,高抽巷抽放负压可以在 208 Pa 到 4 242 Pa 之间调节。本次工作面推进距为 140 m 时模拟所涉及的不同负压在此区间,因此可以通过实际抽放效果与模拟抽放效果相比较来检校模拟的正确与否。

从 4.6 节抽采正常期走向高抽巷抽采效果分析图 4-16~图 4-18 中分别提取高抽巷抽放负压在 2 440 Pa、2 940 Pa 及 3 690 Pa 时高抽巷排放瓦斯数据与模拟结果相比较,并计算出误差值,如表 6-4 所示。

表 6-4　高抽巷实际抽采效果与模拟抽采效果比较表

负压 /Pa	实际值			模拟值			误差百分比		
	混合流量 /(m³·min⁻¹)	浓度 /%	纯流量 /(m³·min⁻¹)	混合流量 /(m³·min⁻¹)	浓度 /%	纯流量 /(m³·min⁻¹)	混合流量 /(m³·min⁻¹)	浓度 /%	纯流量 /(m³·min⁻¹)
2 440	342.8	51.6	176.88	299.2	60.2	180.12	-12.72	16.67	1.83
2 940	366.3	46.3	169.6	322.4	50.6	163.13	-11.98	4.3	5.47
3 690	378.3	36.3	137.32	361.2	39	140.87	-4.52	7.43	2.58

由表 6-4 可知,工作面在推进距为 140 m 时高抽巷实际抽放效果与模拟抽放效果误差较小,混合瓦斯流量模拟值均小于现场实测值,误差在 10% 左右,瓦斯浓度模拟值均大于现场实测值,最大误差在 15% 左右,而抽放纯瓦斯流量比实测值稍大,误差在 6% 以下。模拟值与现场实测数据相近,因此模拟是可信的。

6.6　本章小结

（1）推进距为 40 m 时，工作面尚处于初采期，顶板裂隙未发育至高抽巷，工作面仅靠后高抽巷抽出少量瓦斯，通过提高抽放负压来改善高抽巷抽放效果是可行的，此阶段高抽巷合理抽放负压为 3 500 Pa 左右。

（2）推进距为 80 m 时，由于工作面后高抽巷与采空区相连通，提高抽放负压对改善高抽巷抽放效果并不理想，此阶段合理抽放负压为 1 000 Pa 左右。

（3）推进距为 140 m 时，采动裂隙已完全发育至高抽巷，高抽巷抽放瓦斯混合流量及纯流量都大幅提高，通过模拟发现过分提高高抽巷抽放负压将会加大采空区向高抽巷漏风，反而不能提高高抽巷抽放效果，对预防自燃等险情也不利，此阶段结合现场实测数据高抽巷合理抽放负压为 2 500～3 000 Pa。

（4）通过现场实测数据与模拟数据的比较，可知本次数值模拟结果是可信的。

7 结论与展望

7.1 结论

    本书综合运用数值模拟与现场实测分析的方法,对在采动过程中顶板瓦斯高抽巷破坏变形的不同阶段高抽巷的不同抽放负压进行了研究,同时对高抽巷正常抽采期间的抽采性能做了分析,得出的主要结论如下:

    (1)工作面开采煤层过后会产生巨大的采空区,采空区顶板的冒落引发了上覆岩层移动和变形,最终岩层内部达到新的应力平衡。距离煤层较近的覆岩区域出现冒落现象,形成了垮落带,垮落带以上至靠近地表的岩层为裂隙带和弯曲下沉带。垮落带、裂隙带和弯曲下沉带,即采空区"上三带"。

    (2)阳泉矿区多年来根据各煤层的瓦斯涌出量以及开采方法等影响条件,对综放工作面的通风方式已有了较为统一的原则。

    (3)通过影响函数法建立煤矿回采工作面的上覆岩层沉陷的数值分析模型,预测大采长工作面推采过的采空区上覆岩层的最终移动变形状态。使用 3DEC 软件模型对阳煤集团五矿 8133 工作面和 83207 工作面进行数值计算,得到了两工作面在工作面回采过程中上覆岩层三带高度的变化情况以及工作面前三次来压的冒落高度、裂隙带高度和弯曲下沉带的高度。该模型对煤矿其他工作面预防冒顶事故和老顶周期来压有一定的借鉴作用,对于探查矿区生态环境的破坏程度以及实际生产活动具有指导意义。

    (4)初采期阶段由于顶板裂隙无法发育至含瓦斯邻近层,邻近层瓦斯得不到卸压涌出,走向高抽巷未能较好地发挥作用。抽采不力期由于受到地面抽采泵站的能力限制和总回风玻璃钢管漏气的影响,走向高抽巷抽采负压一直无法提高,工作面高抽巷的抽采能力受到限制,抽采瓦斯量较小。走向高抽巷抽采正常期间,高抽巷的抽采性能有了很大的改善,通过现场实测分析此阶段高抽巷抽采负压合理值在 3 000 Pa 左右。

(5) 本次数值模拟结合 K8206 综放面瓦斯涌出和抽采阶段划分,以及 3DEC 数值软件模拟研究的结论,将数值模拟分为三个阶段:① 工作面推进距为 40 m 时;② 工作面推进距为 80 m 时;③ 工作面推进距为 140 m 时。

(6) 通过数值模拟研究,工作面推进距为 40 m 时,顶板瓦斯高抽巷合理抽放负压为 3 500 Pa 左右。

(7) 通过数值模拟研究,工作面推进距为 80 m 时,由于工作面后高抽巷与采空区相连通,单纯依靠提高高抽巷抽放负压来改善高抽巷抽放效果并不可行,此阶段最优抽放负压为 1 000 Pa 左右。

(8) 通过数值模拟研究,工作面推进距为 140 m 时,顶板裂隙已完全发育至高抽巷,通过调节高抽巷的抽放负压可以有效地控制邻近层瓦斯的下行。通过现场实测及数值模拟分析得出此阶段高抽巷最优抽放负压为 2 500~3 000 Pa。

(9) 通过数值模拟分析,正常抽采期间在高抽巷深入采空区 24 m 前,高抽巷抽放的瓦斯混合流量和纯流量基本没有变化;在高抽巷由深入采空区深部 90 m 至采空区 24 m 过程中,高抽巷抽放的瓦斯混合流量和纯流量随着高抽巷由深部向外发展是逐渐增大的。分析其原因可知:由于顶板岩层冒落是按照一定的岩石冒落角来冒落的,K8206 综放面顶板岩石冒落角为 67°,因此在深入采空区 25 m 为未卸压区,在 25 m 以后至采空区深部 90 m 为卸压区。

(10) 通过实际抽放效果与模拟抽放效果的误差比较,混合瓦斯流量模拟值均小于现场实测值,误差在 10% 左右,瓦斯浓度模拟值均大于现场实测值,最大误差在 15% 左右,而抽放纯瓦斯流量比实测值稍大,误差在 6% 以下。模拟值与现场实测数据相近,因此模拟是可信的。

7.2 本书的创新点

（1）本书结合高抽巷的破坏变形过程理论分析的结论及现场实测的高抽巷抽采数据，将高抽巷抽采负压变化划分为三个阶段，然后进行分阶段的数值模拟，将现场实测、理论分析和数值模拟有机地联系在一起。

（2）本书首次考虑在采动影响条件下，在高抽巷破坏变形过程中，模拟抽放负压随围岩裂隙发育的变化过程，为阳泉矿区治理邻近层瓦斯提供科学依据。

7.3 研究展望

(1) 本书数值模拟抽放负压的大小仅仅考虑瓦斯气体在裂隙中流动产生的阻力,而没有考虑抽放管路的阻力,这是不符合实际情况的。在今后的研究工作中,应考虑高抽巷抽放管路的抽放阻力情况。

(2) 本次数值模拟的三个阶段——工作面推进距分别为 40 m、80 m 和 140 m,仅是工作面回采过程中的三个状态,得出的最优抽放负压也仅仅是状态值。因此,在三个状态过渡变化中,没有考虑到抽放负压过渡变化情况。在今后的研究工作中,应考虑在不同状态之间多加一些新的状态值,以期通过模拟能更准确反映实际抽放负压的变化情况。

参考文献

[1] 林柏泉,张建国.矿井瓦斯抽放理论与技术[M].徐州:中国矿业大学出版社,1996.

[2] 周世宁,林柏泉.煤层瓦斯赋存与流动理论[M].北京:煤炭工业出版社,1996.

[3] 俞启香.矿井瓦斯防治[M].徐州:中国矿业大学出版社,1992.

[4] 张子敏,林又玲,吕绍林.中国煤层瓦斯分布特征[M].北京:煤炭工业出版社,1998.

[5] 王大曾.瓦斯地质[M].北京:煤炭工业出版社,1992.

[6] 焦作矿业学院瓦斯地质研究室.瓦斯地质概论[M].北京:煤炭工业出版社,1990.

[7] 中国煤炭工业劳动保护科学技术学会.瓦斯灾害防治技术[M].北京:煤炭工业出版社,2007.

[8] 袁亮.松软低透煤层群瓦斯抽采理论与技术[M].北京:煤炭工业出版社,2004.

[9] 周世宁,鲜学福,朱旺喜.煤矿瓦斯灾害防治理论战略研讨[M].徐州:中国矿业大学出版社,2001.

[10] 陈炎光,钱鸣高.中国煤矿采场围岩控制[M].徐州:中国矿业大学出版社,1994.

[11] 章梦涛,潘一山,梁冰,等.煤岩流体力学[M].北京:科学出版社,1995.

[12] 钱鸣高,缪协兴,许家林,等.岩层控制的关键层理论[M].徐州:中国矿业大学出版社,2000.

［13］霍多特.煤与瓦斯突出［M］.宋世钊,等译.北京:中国工业出版社,1966.

［14］李树刚.综放开采围岩活动及瓦斯运移［M］.徐州:中国矿业大学出版社,2000.

［15］王福军.计算流体动力学分析:CFD 软件原理与应用［M］.北京:清华大学出版社,2004.

［16］胡殿明,林柏泉.煤层瓦斯赋存规律及防治技术［M］.徐州:中国矿业大学出版社,2006.

［17］姚梅林.从旧中国煤炭史看煤炭企业结构调整［J］.淮南工业学院学报(社会科学版),2001,3(2):14-17.

［18］彭成.我国煤矿瓦斯抽采与利用的现状及问题［J］.中国煤炭,2007,33(2):60-62.

［19］李宝玉,赵长春.高瓦斯易燃煤层综放面瓦斯治理技术研究［J］.中国煤炭,2002,28(9):14-17.

［20］袁亮.淮南矿区煤矿煤层气抽采技术［J］.中国煤层气,2006,3(1):7-9.

［21］胡耀青,赵阳升,杨栋,等.带压开采顶板破坏规律的三维相似模拟研究［J］.岩石力学与工程学报,2003,22(8):1239-1243.

［22］王崇革,王莉莉,宋振骐,等.浅埋煤层开采三维相似材料模拟实验研究［J］.岩石力学与工程学报,2004,23(S2):4926-4929.

［23］李新元,陈培华.浅埋深极松软顶板采场矿压显现规律研究［J］.岩石力学与工程学报,2004,23(19):3305-3309.

［24］赵晓东,宋振骐.岩层移动复合层板模型的系统方法解析［J］.岩石力学与工程学报,2001,20(2):197-201.

［25］石永奎,李兴伟.采场覆岩运动仿真系统［J］.岩石力学与工程学报,2002,21(S2):2539-2541.

［26］谢文兵,史振凡,殷少举.近距离跨采对巷道围岩稳定性影响分析［J］.岩石力学与工程学报,2004,23(12):1986-1991.

［27］马文顶,赵海云,韩立军.跨采软岩巷道锚注加固技术的实验研究［J］.中

国矿业大学学报,2001,30(2):191-194.

[28] 林登阁,宋克志.跨采软岩巷道锚注支护试验研究[J].岩土力学,2002,23(2):238-241.

[29] 彭苏萍,凌标灿,郑高升,等.采场弯曲下沉带内部巷道变形与岩层移动规律研究[J].煤炭学报,2002,27(1):21-25.

[30] 李学华,杨宏敏,郑西贵,等.下部煤层跨采大巷围岩动态控制技术研究[J].采矿与安全工程学报,2006,23(4):393-397.

[31] 阎志铭,赵长春.采用走向高抽巷抽放综放面上邻近层瓦斯研究[J].科技情报开发与经济,2002(4):127-128.

[32] 王光泉,刘伟东,余国锋.综放开采高抽巷布置合理位置分析[J].煤炭技术,2007,26(10):83-85.

[33] 蒋曙光,张人伟.综放采场流场数学模型及数值计算[J].煤炭学报,1998,23(3):3-5.

[34] 丁广骧,柏发松.采空区混合气运动基本方程及其有限元解法[J].中国矿业大学学报,1996,25(3):21-26.

[35] 齐庆杰,黄伯轩.采场瓦斯运移规律与防治技术研究[J].煤,1998,7(1):3-5.

[36] 梁栋,黄元平.采动空间瓦斯运动的双重介质模型[J].阜新矿业学院学报,1995(2):4-7.

[37] 李宗翔,孙广义,王继波.回采采空区非均质渗流场风流移动规律的数值模拟[J].岩石力学与工程学报,2001,20(S2):1578-1581.

[38] 李宗翔.综放工作面采空区瓦斯涌出规律的数值模拟研究[J].煤炭学报,2002,27(2):173-178.

[39] 钱鸣高,缪协兴,许家林.岩层控制中的关键层理论研究[J].煤炭学报,1996,21(3):2-7.

[40] 叶建设,刘泽功.顶板巷道抽放采空区瓦斯的应用研究[J].淮南工业学院学报,1999,19(2):3-5.

[41] 李树刚,石平五,钱鸣高.覆岩采动裂隙椭抛带动态分布特征研究[J].矿山压力与顶板管理,1999,16(Z1):3-5.

[42] 姚艳斌,刘大锰.煤储层孔隙系统发育特征与煤层气可采性研究[J].煤炭科学技术,2006,34(3):64-68.

[43] 刘泽功,袁亮.首采煤层顶底板围岩裂隙内瓦斯储集及卸压瓦斯抽采技术研究[J].中国煤层气,2006,3(2):11-15.

[44] 刘泽功,戴广龙,石必明,等.高位巷道抽采采空区瓦斯实践[J]煤炭科学技术,2001,29(12):10-13.

[45] 胡千庭,梁运培,刘见中.采空区瓦斯流动规律的 CFD 模拟[J].煤炭学报,2007,32(7):719-723.

[46] 王成,杨胜强,许家林,等.双尾巷治理超长综放工作面瓦斯数值模拟研究[J].煤矿安全,2009,40(7):1-4.

[47] 王成.顶板瓦斯高抽巷合理抽放负压数值模拟研究[J].工业安全与环保,2011,37(1):59-61.

[48] 徐全,杨胜强,王成,等.立体抽采下采场瓦斯流动规律及模拟[J].采矿与安全工程学报,2010,27(1):62-66.

[49] 王成,方月梅,何明礼.综放面初采期高抽巷抽采效果数值模拟研究[J].湖北理工学院学报,2013,29(1):23-27.

[50] 姚尚文.高瓦斯低透气性煤层强化增透抽放瓦斯技术研究[D].淮南:安徽理工大学,2005.

[51] 娄金福.顶板瓦斯高抽巷采动变形机理及优化布置研究[D].徐州:中国矿业大学,2008.

[52] 李树刚.综放开采围岩活动影响下瓦斯运移规律及其控制[D].徐州:中国矿业大学,1998.

[53] 张正林.覆岩采动裂隙带瓦斯运移规律及其抽取与利用研究[D].西安:西安科技学院,2001.

[54] 林海飞.采动裂隙椭抛带中瓦斯运移规律及其应用分析[D].西安:西安

科技大学,2004.

[55] Finnemore E J, Joseph B. 流体力学及其工程应用(影印版)[M]. 10 版. 北京:清华大学出版社,2003.

[56] Lunarzewski LW. Gas emission prediction and recovery in underground coal mines[J]. International journal of coal geology, 1998, 35(1/2/3/4): 117-145.

[57] Whittles D N, Lowndes I S, Kingman S W, et al. The stability of methane capture boreholes around a long wall coal panel[J]. International journal of coal geology, 2007, 71(2/3): 313-328.

[58] Somerton W H. Effect of stress on permeability of coal[J]. International journal of rock mechanics and mining sciences & geomechanics abstracts, 1975, 12(2): 151-158.

[59] Cheng J W, Wang C, Zhang S S. Methods to determine the mine gas explosibility—an overview[J]. Journal of loss prevention in the process industries, 2012, 25(3): 425-435.

[60] Cheng J W, Qi C, Lu W D, et al. Assessment model of strata permeability change due to underground longwall mining[J]. Environmental engineering and management journal, 2019, 18(6): 1311-1325.

[61] Cheng J W, Mei J, Peng S Y, et al. Comprehensive consultation model for explosion risk in mine atmosphere-CCMER[J]. Safety science, 2019, 120: 798-812.

[62] Cheng J, Zhao G, Li S. Predicting underground strata movements model with considering key strata effects[J]. Journal of geotechnical and geological engineering, 2018, 36(1): 621-640.

[63] Cheng J W, Liu F Y, Li S Y. Model for the prediction of subsurface strata movement due to underground mining[J]. Journal of geophysics and engineering, 2017, 14(6): 1608-1623.

[64] Cheng J W, Zhang X X, Ghosh A. Explosion risk assessment model for underground mine atmosphere[J]. Journal of fire sciences, 2017, 35(1): 21 - 35.

[65] Gawuga J. Flow of gas through stressed carboniferous strata[D]. Nottingham: University of Nottingham, 1979.

[66] Harpalain S. Gas flow through stressed coal[D]. California: University of California Berkeley, 1985.

[67] Qu Q D, Xu J L, Yang S Q, et al. The characteristics of gas emission in high-output and high-efficiency super-length fully-mechanized top coal caving face[C]. ISMSST, 2007.